魔法使の
錬金術食譜

神祕奇妙的魔法雜貨製作教學

佐藤佳代子

前言

我小時候曾經很流行以魔法少女為主角的漫畫。每個小朋友都曾幻想自己能像主角那樣使用魔法。我當時甚至開始思考，或許班上真的有魔法使也說不定呢。

長大以後，我一點一滴地增加關於中世紀女巫狩獵、藥草、毒藥、咒語以及占卜的知識。這更是加深了我認為魔法使一定就在附近的想法。甚至開始覺得，成為魔法使其實出乎意料地容易。

其實，理化實驗、在醫院拿到的藥品、難過時在心中喊出的話語或是好朋友送的護身符、酒或點心，可能全都是魔法物品。這個世界上處處充滿著魔法。不過很可惜的是，大多數人並未覺察。為了讓更多人熟悉「魔法」、「魔法使」的意象，本書會介紹一名小小魔法使和魔法道具。

書中登場的小小魔法使，住在城市裡某個小型建築屋頂上，一個小小的屋子裡。

本書的魔法道具和魔法食譜介紹裡，都會在「Story」中搭配幻想的小故事。當然，故事本身是虛構的。請帶著愉快的心情閱讀下去吧。此外，專欄內容會以現實的觀點來撰寫。

佐藤佳代子

CONTENTS

Chapter 1 魔法物品

Chapter 2 魔藥的材料

Chapter 3　注入魔法的水

Chapter 4　魔法

Chapter 5 魔法料理

CONTENTS

basic tools ··· 124

column

MAGICAL ITEM

盧恩石⋯p.42

看透一切的尖帽子⋯p.24

測量內心溫度的
吊墜⋯p.18

MATERIALS FOR MAGICAL MEDICINE

小惡魔頭部的木乃伊…p.60

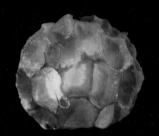

蜂妖精的繭殼…p.66

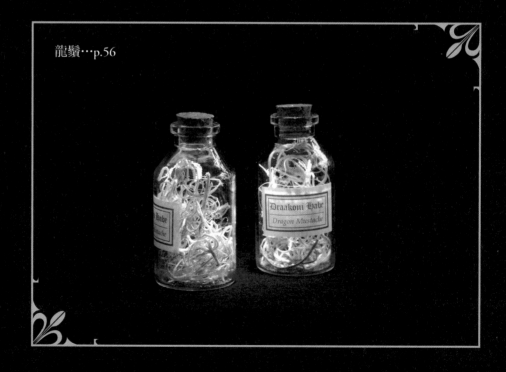

龍鬚…p.56

WATER WITH MAGIC

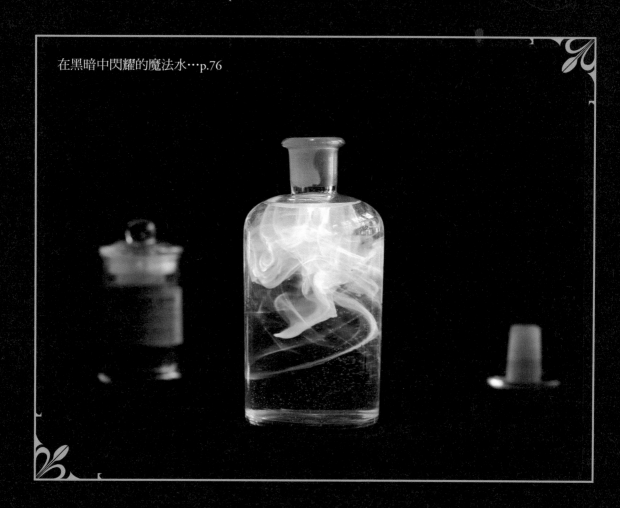

在黑暗中閃耀的魔法水…p.76

發光的墨水…p.78

MAGIC

積雪的魔法…p.86

MAGICAL FOOD

光之果實…p.116

魔法使的香草飲料…p.118

暗黑果實餅乾…p.112

本書的使用方法

本書架構中，同時結合虛構與寫實的內容。
請好好享受魔法世界，嘗試製作各式各樣的物品。

MATERIALS

製作該頁物品時的必備材料。

TOOLS

製作該頁物品的必備工具。

movie

可透過影片觀看會動或會變色的
物品。請用手機掃描QR Code
讀取。

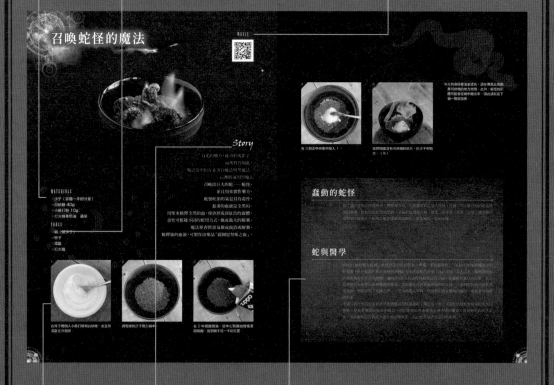

製作流程

以照片和短文的形式介紹
製作流程。

Story

以該頁介紹的物品為題材撰寫的
幻想故事。請以愉快的心情體驗
魔法世界。

專欄

專欄內容並非虛構的。提供有關
該頁介紹物的科學依據和歷史事
實。

製作書中物品的必備材料清單中，有些材料平常不容易買到。
きらら 官方網站有販售一些材料，歡迎參考看看。
きらら 官方網站　https://kirara-sha.com/witch-recipe/index/

Chapter 1

魔法物品

MAGICAL ITEM

測量內心溫度的吊墜

Story

那是某個寧靜的午後,
我在一家小小魔法使的小屋裡
啜飲香草茶時發生的事。
我向魔法使吐露,
很難跟某位朋友好好相處下去。
於是小小魔法使從擺有許多神奇瓶子的櫃子上,
取下一個小瓶子並遞給我,他說道:
「在心裡想著那個人,然後握住瓶子吧。」
瓶子在我握住的瞬間變成略帶暖意的色調。
小小魔法使對我微微一笑:
「你是喜歡那個人的。
試著和對方一起尋找彼此舒適的距離吧!」

MATERIALS

◇蒸餾水（亦可使用自來水,先汲取
　再除氯）　2.3ml（※1）
◇羥丙基纖維素　4g
◇小瓶子（※2）

TOOLS

◇包藥紙（※3）
◇夾鏈袋
◇滴管

※1　盛夏時期時（最高溫超過25℃的季
　　　節）使用2.1ml,嚴冬時期（最高
　　　溫低於10℃的季節）使用2.5ml。
　　　依季節加以調整,可做出更美的吊
　　　墜。
※2　請依喜好選擇容器。
※3　可使用任何正方形的小紙張。先對
　　　折對角線並折出摺痕,用起來會方
　　　便。

1

沿著包藥紙的對角線對折。

2
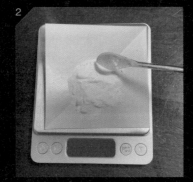
秤出4g的羥丙基纖維素。

將 2 裝進夾鏈袋。

量出2.3ml的蒸餾水，用滴管滴入 3 。

將水和粉狀物揉捏混合，水分擴散至整體後，移到袋子中央並靜置一晚。每天混合1次以上。

顯現出漂亮的彩色後，在袋子的角落剪下約3mm的三角形，從開口擠入容器中。

握著瓶子加溫，或是利用杯子裡的熱水或冰水來改變溫度，就能體驗變色的樂趣。

嘗試各種不同的溫度，做出喜歡的顏色。

訓練釘獸的試管

MOVIE

Story

生在魔法使家庭的孩子，
總有一天得學會控制各種生物，
對抗各式各樣的魔物。
而訓練的第一步就是這個調教管。
釘獸棲息於古老房屋的暗處，
或是樹齡很高的大樹洞穴中。
雖然牠們幾乎不會對人類做惡，
但如果打算捕捉牠們，
衣服會被快速噴出的物質弄髒，
而且這種髒污難以去除。
因此魔法使的父母會使用特殊魔法，
在不接觸釘獸的情況下進行捕捉，
並將牠們裝入調教管中。

MATERIALS

◇磁流體　1.5ml
◇甘油　10ml

TOOLS

◇螺蓋試管（※1）
◇滴管 2根
◇膠帶
◇釹磁鐵

1

用滴管將甘油滴入螺蓋試管，加到試管肩膀的高度。

2

用另一個滴管吸取磁流體，並且滴入試管中，不能碰到試管的管口。（※2）

3

關上試管的蓋子，以防萬一用膠帶纏繞起來。

4

將釹磁鐵吸在試管的外側。磁鐵一移動，磁流體就會跟著移動。

5

磁鐵完全吸住後，會形成圓圓小小的突起。

6

稍微拿開磁鐵，突起會變得更大更銳利。

7

如果無法取得磁流體，可以用鐵砂替代，一樣會形成突起物。

※1　請使用不受磁力影響的塑膠製或玻璃製，且具有密封功能的容器。另外，由於磁鐵會互相強烈吸引，請挑選不會因強力磁性而破掉的容器。

※2　範例的材料分量是根據容器大小來決定的；甘油與磁流體的用量，請配合容器的大小和形狀，依照喜好進行調整。

蠕動的黑色釘獸

磁流體又稱為MR流體，

它雖然是流體，卻是一種具有磁性的功能性流體。

磁流體是利用強磁性微粒、覆蓋於表面的界面活性劑，

以及載基流體製作而成。

強磁性微粒非常細小，直徑大約為10mm。

當磁流體被放在磁鐵等具有磁場的物體附近時，

便會沿著磁力線的方向，呈現如尖刺般的突起。

這種現象被稱為尖峰現象。

下雪的小瓶子

Story

夏天的某一天，我收到來自小小魔法使的包裹。
「我正待在一個叫做塔勒（Thale）的城市。
雖然騎掃帚就能馬上抵達這裡，
但這次我用人類步行的方式
走過Harzer-Hexen-Stieg（哈茨女巫步道）。
途中穿越布羅肯峰時，
我拿到了下雪的魔法水，
也寄一份給你。」
包裹裡有一封信和一個瓶子。
瓶子裡裝滿透明的液體。
我將瓶子放在桌上後開始讀信，
瓶子不知從何時開始下起了雪。
白雪愈積愈多，
最後呈現出布羅肯峰的冬景。

MOVIE

MATERIALS

◇氯化銨 55g
◇蒸餾水 100ml

TOOLS

◇包藥紙
◇長湯匙
◇料理秤
◇鍋子（隔水加熱用）
◇燒杯（隔水加熱用）
◇攪拌棒（免洗筷之類的）
◇瓶子

1

將蒸餾水倒入燒杯中測量分量。

2

秤好氯化銨的分量後，倒入 1（也可以直接倒進去）。

3

將鍋子裡的熱水煮沸，停火後倒入 2，用攪拌棒攪拌至溶解。（※1、2）

4

將 3 輕輕地倒入瓶子，蓋上蓋子並等待溶液的溫度下降。

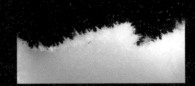
5

最後未完全溶解的氯化銨會變成結晶。

※1 如果容器無法隔水加熱，可將溶液移至耐熱容器後，再進行隔水加熱。每次製作時，都要先將瓶子沖乾淨，再倒入隔水加熱後的溶液。
※2 如果瓶子可以隔水加熱（耐熱），請直接在瓶中混合氯化銨和蒸餾水，並且隔水加熱。隔水加熱時，請打開瓶蓋。

6

生成的結晶會隨著結晶熱引起的對流而生長。這個現象看起來就像下雪和積雪的情景。

看透一切的尖帽子

Story

魔法使的服裝，尤其是女巫的正裝，
通常都是斗篷和尖帽。
小小魔法使的屋子裡也有這些服裝。
某一天，我問道：
「為什麼妳的每一頂帽子都是尖的？」
小小魔法使嘆了一口氣，
她告訴我：「這才不是普通的帽子呢。
這是可以看透一切、受人尊敬的尖帽喔。
它負責替魔法學校執行分類儀式這件事可是很有名的。
戴著它在空中飛行，就能知道該朝哪個方向走；
當人生陷入迷惘時，它也能為我們帶來正確的啟發。」
接著，她從成排的帽子中
挑了一頂戴在我的頭上。
我得到的指引是：
「快要下大雨了，應該早點回家。」
於是我便匆匆忙忙地離開了小屋。

※照片中的帽子是配合娃娃的尺寸製作而成的。只要將p.28～29的紙模放大，就能做出符合人體大小的帽子。

協助：〔帽子〕イチハラサチコ
[Doll]Yvonne ちゃん (maison H.S & m.m.)
[Doll make & hair] ヒロタサトミ

MATERIALS TOOLS

◇布料（詳見p.28） ◇縫紉機
◇繩子 ◇熨斗
◇金屬線 ◇針（縫衣針、大頭針）
◇帽子止汗帶

1

按照紙模裁切布料，邊緣（帽簷）貼上薄布襯，在帽身的裡布貼上厚布襯。

2

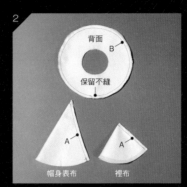

分別對折並縫合帽身的表布和裡布，接著分割縫份（A）。將帽簷的布料相疊，背面朝外，縫合周圍（B）。在後方的中心區塊，保留可穿過金屬線的空間。

3

將縫好的帽簷翻面，用熨斗整燙，在距離外圍約8mm的地方縫線，並在中間剪出切口。

4

暫時縫合帽簷內側（固定縫）（C）。將裡布放入帽身的表布裡，暫時縫合開口處（固定縫）。

5

將帽身與帽簷縫合（D）。

6

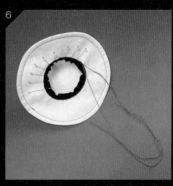

縫份（D）往帽身一側倒，並且縫上帽子止汗帶（用縫紉機或手縫）。

7

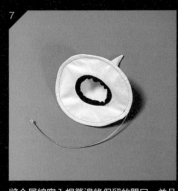

將金屬線穿入帽簷邊緣保留的開口，並且縫合開口（先將金屬線的尾端折彎，以免被刺到）。

8

到目前為止，已經讓帽子呈現站立的形狀了。

9

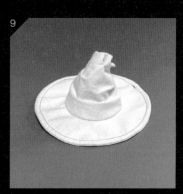

依照個人喜好加入皺褶。

10

使用黑色布料，依照人的頭部大小製作帽身。雖然保持原樣就已經很有「巫師帽」的氛圍，但你也可以添加喜歡的蝴蝶結，營造出更不一樣的感覺。（※）

※將帽子的尖端往後折，看起來更有女巫的感覺。
※使用與帽子同色系的蝴蝶結（黑帽搭配黑色或灰色蝴蝶結），可以營造沉穩的氛圍；使用
不同色系的蝴蝶結則可以呈現華麗感。

「看透一切的尖帽子」紙模

紙模放大400%後，即是符合人體頭部大小的尺寸。
製作娃娃的帽子時，請適度地放大或縮小紙模。

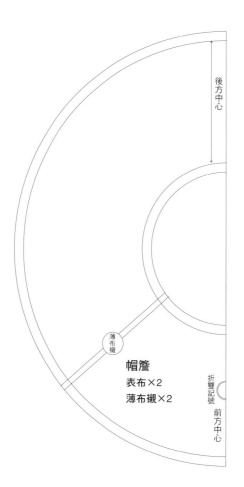

表布　　50cm×50cm　2片
　　　　60cm×40cm　1片
裡布（厚棉布等）　50cm×30cm　1片
厚布襯（同裡布的材質）　1片
薄布襯　50cm×50cm　2片

帽簷
表布×2
薄布襯×2

後方中心

折雙記號

前方中心

薄布襯

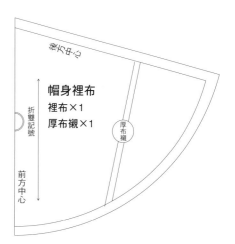

帽身裡布
裡布×1
厚布襯×1

折雙記號

前方中心

後方中心

折雙記號

厚布襯

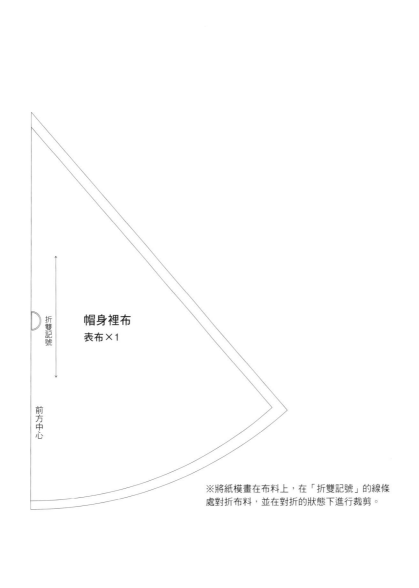

帽身裡布
表布×1

折雙記號

前方中心

※將紙模畫在布料上，在「折雙記號」的線條
處對折布料，並在對折的狀態下進行裁剪。

F 時間倒轉卡

Story

春天某個寧靜的午後，
小小魔法使邀我一起喝茶。
我的內心與和煦的陽光相反，正籠罩著一股陰霾。
她看穿了我的心思，遞給我一個信封。
裡面是一張畫有圖畫及條紋圖案的透明片。

她似乎知道
我今天早上對媽媽說了很過分的話。
「你不小心說出無心卻很難聽的話了吧。」
說完後，她將條紋圖案的卡片放在圖畫上，
並且慢慢地滑動。
上面浮現出蘋果，接著化為沙子並逐漸消逝。
往反方向滑動卡片，蘋果又變回原樣了。
小小魔法使微笑著對我說：
「雖然我們無法收回脫口而出的話，
但如果你真的很後悔，那已經回到過去囉。」

MATERIALS
◇ 塑膠板
◇ 紙張

TOOLS
◇ 美工刀
◇ 切割墊（方格）
◇ 尺規
◇ 三角尺
◇ 油性筆
◇ 鉛筆
◇ 橡皮擦

製作裂縫卡片

1

準備塑膠板或透明墊板。

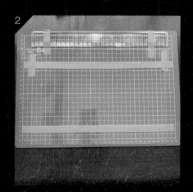

2

使用方格切割墊，放上尺和 1，兩者間隔約3mm，用紙膠帶固定在桌子上。條紋的上下區域也事先貼上紙膠帶，可以做出更好看的成品。

3

用油性筆畫40～50條3mm的條紋。畫好之後，將紙膠帶撕下來。

繪製插畫

1

在明信片大小的紙上，用鉛筆畫出第 1 格的草稿。這裡以較容易作畫的貓咪圖案為例。

2

疊在 1 的上面，畫出第 2 格的草稿（改變貓咪尾巴的朝向）。

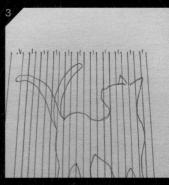

3

在 2 的草稿上面拉出間隔 3 mm 的線條，在每個間隔上做記號。

4

只在第 1 格圖案中，有標記記號的縫隙、插圖的內側填滿顏色。只在第 2 格圖案中，沒有記號的裂縫、插圖的內側塗滿顏色（貓的身體不會動，所以要全部填滿）。

5

用橡皮擦擦掉草稿。

將裂縫卡片疊在 5 上面，左右移動便能看到動起來的插畫。

多格數的光柵動畫

p.30～31介紹的「動畫」稱為光柵動畫（scanimation）。前面已經介紹手繪的方法了，而運用電腦軟體，就能做出更加複雜的光柵動畫（範例使用Adobe Photoshop製作）。

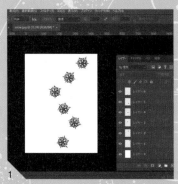

1
繪製2～6格分散的漫畫插圖（但格數太多會很難分辨）。範例共有6格。複製6張雪花結晶的圖案，慢慢地改變每個圖案的位置和角度。

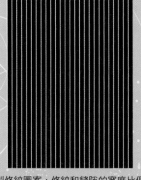

2
繪製條紋圖案，條紋和縫隙的寬度比例為1：5（2格動畫，條紋和縫隙的寬度比例＝1：1。3格動畫1：2，4格動畫1：3，5格動畫1：4，6格動畫1：5）。

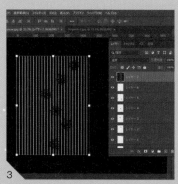

3
將新增的條紋圖層疊加在1的上方。

4
選擇條紋，疊在第1張圖上，刪除條紋遮住的部分。

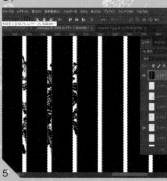

5
橫向移動條紋後，就會看不見第1張圖。顯示第2張圖的圖層，刪除條紋遮住的部分。

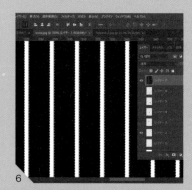

6
再次橫向移動條紋，第2張圖便會消失。顯示第3張圖的圖層，刪除條紋遮住的部分。

7
重複操作，完成至第6張圖。

8
將第1張到第6張圖層合併。

9
將8印成紙張，條紋則印成OHP投影片。

插圖檔下載

可透過右方QR Code或下方網址，下載「蘋果光柵動畫」插圖與裂縫卡片的檔案。請將插畫卡片印成紙張，裂縫卡片則印成噴墨投影片，享受製作的樂趣吧！

ダウンロードURL：https://kirara-sha.com/witch-recipe/apple.zip

蘋果光柵動畫

協助：ルーチカ

F 魔杖

Story

魔杖是魔法使的必備工具。
魔法使的父母會根據生日給予魔杖，
他們一生都會攜帶著魔杖。
還有一種魔杖寄宿著精靈之力，
可借助精靈的力量保護自己，
並且用於施展咒語。
雖然有些魔法使會在商店購買魔杖，
但大多都會自行製作。
因為自製魔杖擁有更強大的力量。

大地精靈

高山、河川、山谷、山丘……寄宿著大地精靈
之力的水晶。幾乎對所有魔法都能發揮效果。
用來作為護身魔杖也相當萬能。

光之精靈

使用掌管各種光的精靈之力的螢石。不同顏色的螢石，
可發揮不同的魔法效果。藍色螢石散發的光芒（藍調時
刻），被認為是所有光之中最神聖的光。

風之精靈

使用銀色的鉍礦石，寄宿著風之精靈
的力量。在控制風起與風落的魔法上
可發會其效果。

炎之精靈

使用紅色玻璃玉，寄宿著炎之精靈的力量。象
徵物順利吸收光亮後，讓玻璃玉變得更紅更閃
耀，揮動魔杖便能發揮更大的威力。

水之精靈

使用尚未形成結晶的水晶，其中寄宿著水之精靈，具有
流動之水的力量。在魔法效果方面，可在乾旱的大地降
雨，停止暴漲的激流，淨化淤積的水流。

冰之精靈

一般認為冰之精靈與水之精靈具有兄弟關係，水晶中寄
宿著冰之精靈的力量。可發揮增加或停止降雪，以及凍
結或緩和冰河的魔法。

死亡精靈

使用幼體的頭蓋骨，其中寄宿著掌管
死亡的精靈之力。引領無法降生於世
的生命，指引已完成生之試煉的生命
前往天界。

樹木精靈

使用無患子的果實，其中寄宿著樹木
精靈，具有掌管樹木、草類、森林和
樹林的力量。揮動魔杖時會發出喀啦
喀啦的聲音，透過聲音來借助周圍樹
木的力量。

雷電精靈

使用在特殊條件下形成結晶的鎂，寄宿著掌管閃電的精
靈之力，擁有特殊的光。具有掀起暴風雨的能力，也可
以讓降至地面的閃電停留在雲間。

星之精靈

使用琉璃球製作，擁有掌管夜空中閃
爍星辰的精靈之力。主要用於施展療
癒方面的魔法。

雲之精靈

玉石中寄宿著雲之精靈的力量，可控
制漂浮於空中的雲朵。具備創造事物
的魔法效果。

MATERIALS
◇長筷
◇圖釘
◇熱熔膠條
◇象徵的礦物
◇畫筆

TOOLS
◇精密手鑽
◇木工專用白膠
◇熱熔膠槍
◇壓克力顏料

基本作法

1

在長筷上端的中心，用精密手鑽挖出一個洞。

2

塗上少許木工專用白膠，將圖釘刺進去（使黏貼象徵物的地方保持平坦，確保面積）。

3

用熱熔膠槍融化熱熔膠條，在整個圖釘上覆蓋黏膠，製作象徵物的底座。

4

用熱熔膠槍固定喜歡的象徵物。

5

黏上熱熔膠，將象徵物附近的把手加粗，魔杖尾端愈繞愈細（運用熱熔膠量調整粗細）。

6

塗上壓克力顏料。

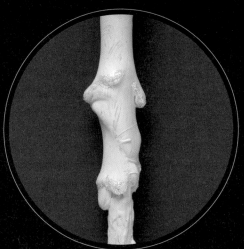

TECHNIQUE>> 做出毛骨悚然的凹凸感

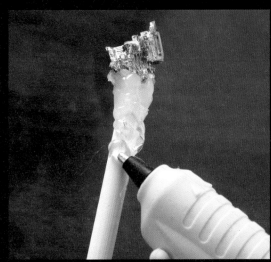

用力壓住熱熔膠槍的板機，增加單一區塊的上膠量。鬆開板機，調整位置後再次用力壓下去，反覆上膠。顆粒大小可利用塗膠處的上膠量加以調整。

TECHNIQUE>> 做出大大的顆粒

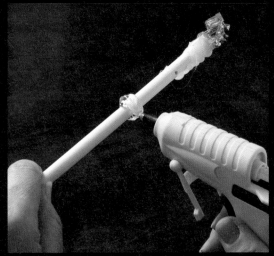

以中等力道按壓板機，轉動棒子並纏繞上膠，層層堆疊。持續保持水平繞圈，製作出圓形的球體；繞完後將棒子立起來，則會變成下端較凸的形狀。

TECHNIQUE>> 製作樹皮般的紋路

持續輕壓熱熔膠槍的板機，塗上類似青筋的紋路。

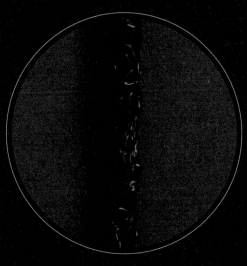

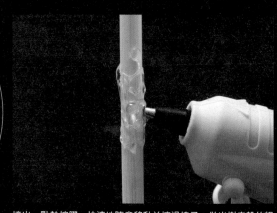

擠出一點熱熔膠，快速地隨意移動並擦過棒子，做出樹皮般的粗
糙感。

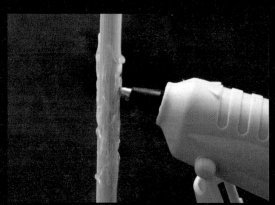

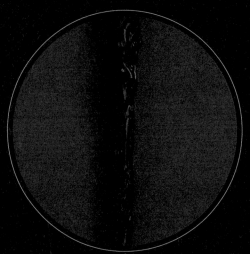

上膠量保持平均，慢慢地滑動，以接近平行的角度擦過去，做出
平緩樹皮般的質感。

上膠量保持平均，垂直拉長並擦過去，就能做出大樹的質感。

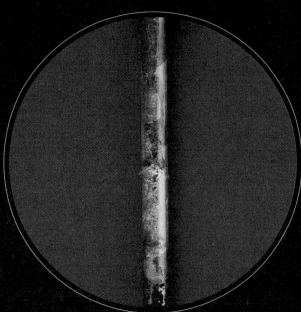

TECHNIQUE>>黏貼金屬片

塗上薄薄一層黏著劑,將金屬片放上去,手指壓一壓。
疊加大量金屬片時,小心手指不要碰到黏著劑。最後,
將多餘的金屬去除(除掉的金屬片可重複利用)。

TECHNIQUE>>使用亮粉

選擇喜歡的亮粉顏色,加入強調色。不需要黏在整個魔
杖上,只要在重點部位添加亮粉就能做出質感。

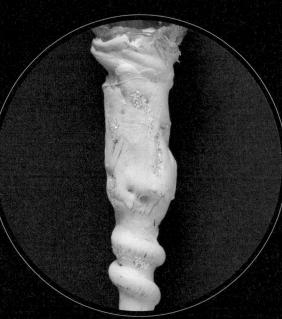

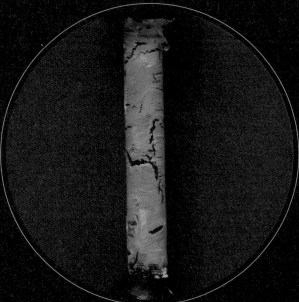

TECHNIQUE>>做出裂紋

先塗上一層顏色,風乾後再塗上裂紋專用的塗裝劑。乾
了之後,在上面疊加其他顏色。上層和下層採用對比強
烈的顏色,裂紋看起來會更明顯。此外,將上層的顏料
塗厚一點,可做出更大的裂縫。

大魔導士的魔杖

Story

動畫或電影中出現的
魔法使魔杖,
大多都是30cm左右的小魔杖。
而大型的魔杖
則擁有更高強的魔力。
所以年邁的魔法使或
法力高強的大魔導士
會使用大型魔杖。
將魔杖對著天空高舉,
便能召喚出巨大的雷雲,
降下伴隨著巨響、
劃破天際的閃電。

MATERIALS

◇漂流木（※）
◇彈珠
◇金屬箔
◇熱熔膠條
◇螢光熱熔膠條
◇木器著色劑

TOOLS

◇切割刀
　（或是刀刃較大的美工刀）
◇熱熔膠槍
◇黏著劑
◇砂紙
◇砂輪機

1

選擇長度約70～100cm的漂流木，決定好上端和下端後，用切割刀將下端削細。

2

為了做出更明顯的把手，需要割出高低差，並且繼續往下削。

3

用砂紙將削好的部分磨平，塗上木器著色劑。

4

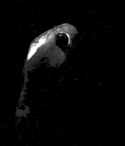

如果有裂痕，則用螢光熱熔膠條填滿。

5

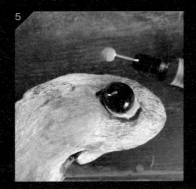

用砂輪機雕出彈珠的空間，用熱熔膠槍將彈珠黏進去。

6

在很有質感的凹陷處，用黏著劑貼上金屬箔。

※漂流木本身看來已經很像具有魔力的權杖了。而且每塊漂流木都是獨一無二的，所以可以做出質感比普通木材更好的魔杖。請務必嘗試找出自己喜歡的漂流木。在上面添加金屬零件或增加雕刻，客製化各式各樣的款式，也是製作大魔杖的樂趣之一。

E 盧恩石

Story

魔法使會使用各式各樣的工具，
看見不可視之事，占卜未來之事。
塔羅牌、魔鏡、水晶球⋯⋯
其中一種工具是刻有盧恩符文的石頭和木片。
盧恩符文是一種古代文字體系，
原本是日耳曼人使用的文字。
本書製作的盧恩石，是魔法使的道具，
同時也是一種占卜工具。
可以用來占卜，
也可以當作護身用的墜飾。

MATERIALS

◇ 烤箱陶土（範例使用牛奶色）
◇ 金色的筆

TOOLS

◇ 書錐子
◇ 牙籤
◇ 烤箱
◇ 鋁箔紙

1
用烤箱陶土做出25個大小一致的石頭。
如果想做成墜飾，請在這時戳一個洞。

2
將 1 放在鋁箔紙上，放著風乾直到水分
變少，等待陶土變白。繼續放在鋁箔紙上
並送入烤箱，以160℃烘烤30分鐘（尺
寸較大則需要烤更久）。

3
將 2 放涼，用書錐子刻出盧恩符文，刮
出凹槽（照片中的石頭有挖洞，用來製作
成掛墜）。

4

用金色的筆沿著 3 塗上顏色。

5

如果打算製作墜飾款，則需將皮革繩穿過孔洞。

盧恩符文

下方是盧恩符文與字母的對應。除了灰色的文字之外，其他24個盧恩符文可以用來占卜。再加上沒有任何符號的「WIRD」，總共有25個。WIRD似乎是近年才被加入盧恩占卜的符文。

FEOH	A	B	C	D	E	F	G	H
盧恩符文								
讀音	ANSUR	BEORC	—	DAEG	EOH	FEOH	GEOFU	HAGALL
主要含義	溝通	慈愛、母性	—	日常	周遭的協助	豐富充實	愛情、贈品	意外
字母	I	J	K	L	M	N	O	P
盧恩符文								
讀音	IS	JARA	KEN	LAGU	MANN	NIED	OTHEL	PEORTH
主要含義	停滯	收穫、一年	熱情、勇氣、行動力	感性、女性	互相幫助	必要性、缺乏	傳統、文化	機會
字母	Q	R	S	T	U	V	W	X
盧恩符文								
讀音	—	RAD	SIGEL	TIR	UR	—	WYNN	—
主要含義	—	旅行、移動	強大能量	勝利、男性	巨大能量	—	喜悅、滿足	—
字母	Y	Z	ing	th	—			
盧恩符文					—			
讀音	YR	EOLH	ING	THORN	WIRD			
主要含義	死亡、重生	同伴、友情	達成目標	慎重	命運			

使用盧恩符文占卜

為了方便刻在木頭或石頭上，盧恩符文屬於直線型的文字結構。每個符文都有不同的意義，出現逆位則表示相反的意義。

可以使用刻有盧恩符文的石頭、木頭、金屬、玻璃等工具進行盧恩符文占卜。古代經常以拋投的方式占卜，做法是拋出所有的盧恩符文，並從中選出一個符文。不過，現代占卜會將全部的盧恩符文放入袋中，一邊在內心默念問題，一邊伸手拿取一個盧恩符文作為解答（單張占卜）。此外，取出盧恩符文，一個個擺放在有意義的位置上進行解讀，是很常見的占卜方式。

盧恩符文和塔羅牌很類似，每個符文都有各自的基本含義，占卜師解讀（解釋）其意義的方式，是很十分重要的事。

因行動引起的情況占卜

一個一個取出石頭，由右而左排列。擺放石頭時，背面朝上後，從側面翻到正面，翻面時不能上下顛倒。可依照自己用得順手的方式來決定擺法。從袋子裡取出石頭且擺好後，明確地祈求石頭的含義是很重要的。

第3個	第2個	第1個
行動所帶來的未來	必須採取的行動	目前狀況

關於上方的占卜結果，可以解讀成由於目前「溝通不足」，因此「必須互相幫助」，透過互相合作進而「產生慈愛之心」。

盧恩符文十字占卜

相較於 3 個盧恩符文的基本占卜，十字占卜可以更精確。請依照下圖將盧恩石交叉（十字型）排列，嘗試占卜各種不同的情況吧。

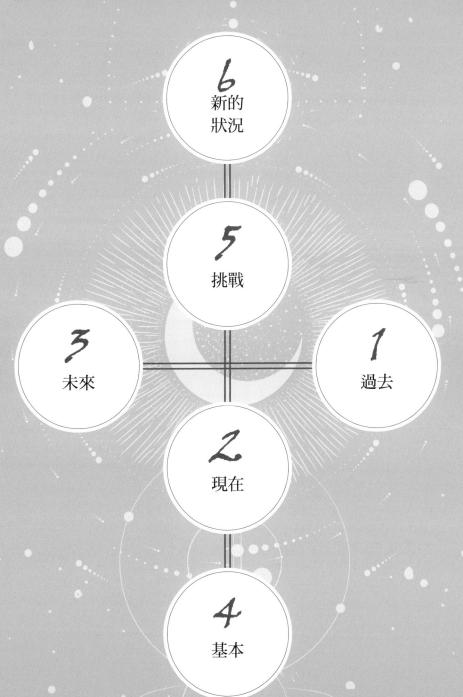

E 高腳杯

Story

某天我發現一個顏色很漂亮的杯子，
小小魔法使對我說道：
「聖杯（高腳杯、五芒星）
是基督教儀式中的物品喔。」
「所以我們其實不會使用這些東西……」
但實際用了才發現意外地很有『力量』。」
我漫不經心地望著窗邊
那個裝著水的杯子，
窗外另一端的天空
看起來逐漸晴朗。
（當時我心不在焉地想著：
「要是天空能放晴就好了。」）

MATERIALS

◇玻璃（※）
◇玻璃彩繪顏料
◇黃酮零件
◇礦物
※有較多刻紋的圖案，用
　起來更方便。

TOOLS

◇畫筆
◇調色盤
◇黏著劑
◇竹籤或牙籤
◇曬衣夾

1

儘量準備刻有許多花紋的小玻璃杯。

2

使用框線專用的金色顏料，沿著紋路拉出
線條（範例畫的是正面的鑽石和圓形圖
案）。

3

2 幾乎乾了之後，搭配玻璃杯的圖案，
塗上透光顏料。

4

黏上黃酮製的零件，用曬衣夾固定，直到風乾為止。

5

6

黏上喜歡的礦物或串珠。選用其他顏色的
顏料，改變上色區塊的顏色，就能畫出不
同氛圍的高腳杯。

熟悉在刻有花紋的玻璃上作畫後，試著
在沒有紋路的玻璃杯上畫出原創圖案
吧。不需要全部塗滿顏色，保留透明的
玻璃面是畫得好看的訣竅。

現於電影和漫畫中的手法，就是在魔法圓中召喚魔物，使魔物無法逃脫。

雙重圓形是魔法圓的基本畫法。魔術者會在上面寫下天使的名字或具有特殊意義的符號。接下來，讓我們一起看看有哪些知名的符號吧。

五芒星

產生保護自己不受到惡魔傷害的力量。

六芒星

又稱為大衛星。惡魔的象徵。

四大元素符號

火　　　　　風　　　　　地　　　　　水

四大基本元素（火、風、地、水）的象徵記號。

12星座符號

牡羊座	金牛座	雙子座	巨蟹座

獅子座	處女座	天秤座	天蠍座

射手座	魔羯座	水瓶座	雙魚座

西洋占星術的12星座符號

行星符號

太陽	水星	金星	地球

火星	木星	土星	天王星	海王星

西洋占星術中使用的太陽系行星符號

當魔法使打算在魔法物品上畫出魔法圓時，

通常都會參考一種稱為Grimoire（魔法書）的魔導書。

現今仍保存下來的魔法書有《所羅門的鑰匙》、《黑母雞之書》、

《金字塔的哲人》、《紅龍》、《阿布拉梅林》、《阿巴太爾》等著作。

市面上曾出版過一些摘要翻譯後的書，或是內容好懂的實踐書。

其中也有關於《所羅門的鑰匙》的書，

書中包含儀式專用魔法圓的解說，

還有針對儀式方法和護符等知識的講解，很值得推薦。

我曾在某個時期蒐集塔羅牌，

而且也很熱衷於占卜。

我也大量閱讀過塔羅牌相關書籍，

書中提到大阿爾克納牌中描繪的物品及擺放位置皆有意義，

塔羅牌是在魔法使的監修之下繪製而成，

用來占卜時是不能讓其他人使用的。

我因此了解到，內心無力或心術不正的時候，

隨便使用魔法工具是很危險的。

魔法圓與心理學家榮格提出的「曼陀羅」很類似。

曼陀羅是內心整體性的表現。

內心的安定與修復，會影響其平衡的維持。

魔術本來就是用於調整呼吸、培養精神力的方式，

或許這也和現代療法有所關聯。

Chapter 2

魔藥的材料

MATERIALS FOR MAGICAL MEDICINE

魔法標本盒

協助：星屑工房

Story

魔法使會將魔藥和藥材
分別整齊放入標本盒中保存。
或許古老的標本盒
也會根據不同的盒中物，
在經年累月之下
進而產生魔法的力量。

MATERIALS

◇厚度1mm的木板
◇厚度2mm的木板
◇厚度3mm的木板
◇載玻片（30×50mm）

TOOLS

◇美工刀
◇切割墊
◇木工專用白膠
◇牙籤
◇砂紙

1

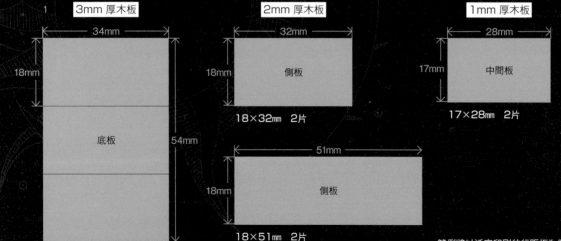

3mm 厚木板

34mm
18mm
底板
54mm

將3片18×34mm的木板接起來
（只要能組出54×34mm，怎麼組裝都行）

2mm 厚木板

32mm
18mm
側板
18×32mm　2片

51mm
18mm
側板
18×51mm　2片

1mm 厚木板

28mm
17mm
中間板
17×28mm　2片

範例將以活字印刷的行距板為例，介紹標本盒的製作方法。不一定要使用行距板製作。

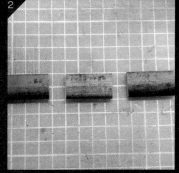

將厚度3mm的木板切成18×34mm。用美工刀一點一點地多次切進木板裡裁斷。

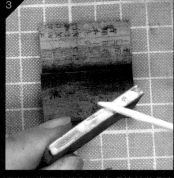

用銼刀磨平 2 的3片木板長邊並將長邊黏在一起（做成34×54mm的底板）。

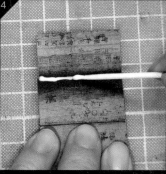

牙籤沾取木工專用白膠，在 3 黏合處的表面和背面塗膠，用衛生紙擦掉塗出去的部分（接下來的所有黏合面都以同樣的手法增加強度）。

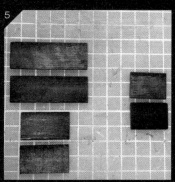

將厚度2mm、1mm的木板切成 1 標示的尺寸。

在 4 的四個邊，全部黏上 5 的側板。

在 6 的短邊內側黏貼中間板。

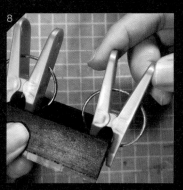

用曬衣夾固定木板，直到 7 風乾為止。

在 8 上面放上載玻片。放入「魔法標本棉」（p.54）及喜歡的礦物以加強質感。

如果是使用行距板以外的材料，可運用木器著色劑（p.125）營造標本盒的氛圍。

協力：KentStudio

魔法標本棉

Story

魔法使使用的各種工具和材料中，
有些物品相當昂貴且容易損壞。
所以魔法使們
會在保存物品的標本盒中
塞入一些柔軟的棉花，
藉此保護重要的工具和材料。

MATERIALS

咖啡染
◇未漂白的棉花
◇即溶咖啡
◇小茶匙　8匙
◇水　500ml
◇鹽　一撮
◇明礬粉　一撮

紅茶染
◇未漂白的棉花
◇茶包　3包
◇水　500ml
◇鹽　一撮
◇明礬粉　一撮

TOOLS

◇鍋子
◇湯匙
◇夾子（筷子亦可）
◇缸槽
◇紙巾

用咖啡染棉花

1

將鍋中的水加熱至沸騰，放入即溶咖啡並
攪拌溶解，開始浸泡棉花。用夾子壓一壓
棉花，讓液體滲入棉花內部。（※1、
2）

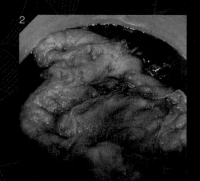

2

用夾子攪動以避免燒焦，並以小火煮20
分鐘左右。

3

熄火後，加入鹽巴和明礬粉，充分攪拌後
靜置1小時。（※3）

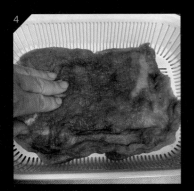

取出棉花後用水仔細清洗，壓一壓平坦的地方，將多餘的水分擠出來（不要用扭的）。

在缸槽中鋪上紙巾，攤開 4 的棉花，靜置風乾。（※4）

※1 可利用即溶咖啡的用量和水煮時間調整染色的深度。
※2 如果想染出更深的顏色，可在咖啡中加入300ml的水和200ml的牛奶。
※3 可使用醃漬物的燒明礬當作明礬粉。如果沒有明礬粉，只用鹽巴也能定色。
※4 如果味道很令人在意，請在去除水分後泡入溫水，加入少許帶有香氣的柔軟劑。風乾後也可以噴一噴除臭劑喔。

用紅茶染棉花

將鍋中的水加熱至沸騰。水滾後熄火，加入茶包和鹽巴並攪拌混合，接著取出茶包。（※5、6）

將棉花泡入水中，用夾子一壓，讓液體滲入棉花。靜置1小時，偶爾攪拌一下。

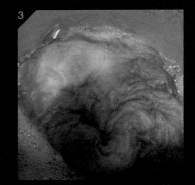

在 2 中加入明礬粉，輕輕攪拌並放置1小時。（※7）

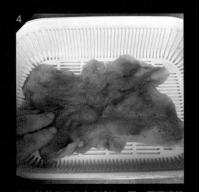

取出棉花後用水充分清洗，壓一壓平坦的地方，並將多餘的水分擠出來（不要用扭的）。

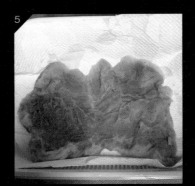

在缸槽中鋪上紙巾，攤開 4 的棉花，靜置風乾。（※8）

※5 茶包的用量請依個人喜好調整。可利用水煮時間的長短來調整染色的深度。
※6 請選擇大吉嶺茶以外的紅茶品牌。
※7 如果沒有明礬粉，只用鹽巴也能定色。
※8 紅茶染出來的紅色調比咖啡染更明顯。

龍鬚

Draakoni Habe
Dragon Mustache

東方龍很容易與西方龍混淆，
而這是棲息於東方世界的龍鬚。
龍會啼聲呼喚暴風雨，進入昏暗的雲朵中，
我們很難見到龍的容貌。
東方龍擁有長長的鬍鬚，
鬍鬚因其行進於雷雲間而帶電，
因此有時會脫落。
落到地面的鬍鬚大多會萎縮消失。
不過，有時可以撿到殘留下來的少量龍鬚。
用黑光燈照射之後，
便能點亮存於龍鬚中的些許雷光。

MATERIALS

◇ 軟松蘿（不凋）
◇ 蓄光噴霧
◇ 蓄光砂
◇ 玻璃瓶
◇ 標籤紙

TOOLS

◇ 塑膠袋
◇ 湯匙
◇ 小鑷子

1

將不凋松蘿放入朔膠袋中，並且攤開。

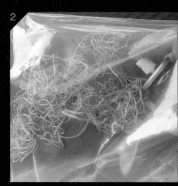

2

在袋中各處噴上蓄光噴霧。

3

放入蓄光砂。

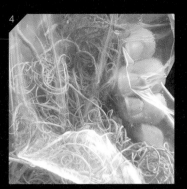

4

封住袋子並充分搖晃，混合材料。

5

風乾後放入標本瓶，貼上標籤紙（可以影印此頁下方的標籤圖，或是使用自製標籤）。

6

以黑光燈照射後，可欣賞螢光和蓄光效果；放在玄關或寢室裡，關燈後還能體驗蓄光效果的樂趣。

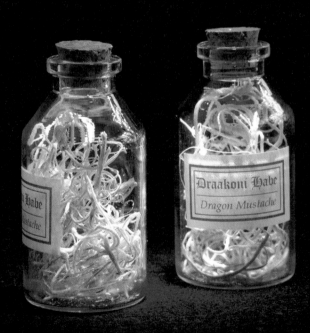

右方標籤圖的尺寸剛剛好，可依照原尺寸影印下來。

Draakoni Habe

Dragon Mustache

幼年獨角獸角

Story

據說獨角獸的血具有復活瀕死之人的力量，
而獸角則有解毒的功效。
許多獨角獸因此遭到盜獵而犧牲。
成年獨角獸的獸角根部是白色的，
愈靠前顏色愈黑，前端呈現紅色；
棲息於森林深處的幼年獨角獸，獸角則是湖泊的顏色。
獸角多次脫落生長後，
會長出3色漸層的美麗獸角。
最初的獸角解毒功效比成年獸角還強大，
只要將獸角對著毒液中繞一圈
就能消除所有毒素。

MATERIALS

◇青象牙貝
◇水鑽
◇魔法標本棉（p.54）
◇有蓋子的玻璃瓶
◇乾燥植物（依喜好選擇）

TOOLS

◇環氧樹脂接著劑

1

混合環氧樹脂接著劑的A膠和B膠。

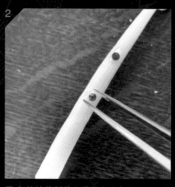

2

用 1 的接著劑將水鑽黏在青象牙貝上。

3

將魔法標本棉（p.54）放入瓶中，加入
乾燥植物等素材（範例放的是乾燥的地衣
類）。

4

將 2 放入 3，將獸角調整
到立起來的角度。

銳利的藍色獸角

青象牙貝正如其名，屬於一種貝類。
不過，青象牙貝並非普遍熟知的二枚貝（雙殼綱）或螺貝（腹足綱），
而是掘足綱的貝類。
掘足綱貝類居住於全世界的海底沙中，
雖然每種貝類的形狀都呈獸角狀，跟青象牙貝很類似。
但不同品種的貝類具有各式各樣的顏色。
看起來像獸角的貝殼其實是管狀的，上下兩端有開口。
下端開口有頭部和觸手等部位，牠們會從這一端進食。
另一端開口則負責排泄。

小惡魔頭部的木乃伊

Story

魔法使會將各式各樣的生物，
以及非生物的某種東西進行乾燥，
並且製作成木乃伊。
小惡魔（Imp）是一種惡魔，
而且也是惡魔的小孩，
普遍認為牠們頭上長著角
及蝙蝠般的翅膀。
由於體型小而容易取得，
據說是魔法使們認為
牠們很適合作為實驗材料。

MATERIALS

◇ 角胡麻果實
◇ 含羞草的葉鞘
◇ 小塊水晶結晶2顆

TOOLS

◇ 美工刀
◇ 切割墊
◇ 小鑷子
◇ 木工專用白膠

取出含羞草葉鞘中的種子，只保留尖刺。
照片是有種子時的樣子。

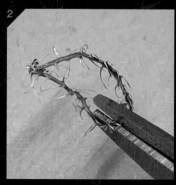

沿著角胡麻果實的形狀，將 1 切成下排
牙齒的樣子（2條）。

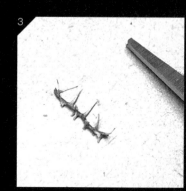

手指將 2 壓平，切掉其中一側的尖刺。

4

在角胡麻果實的黏合處（下顎內側），用
牙籤塗上接著劑。

5

在接著劑稍微硬化的地方，將3黏在下
顎的內側。

6

在角胡麻果實的上顎內側，用牙籤塗上接
著劑。

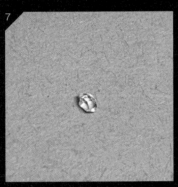

7

在接著劑稍微硬化的地方，將水晶黏在牙齒的位置。

8

在魔法標本盒（p.50）中放入魔法標本
棉（p.52），再放入小惡魔的頭部，增
加神祕氛圍。

潛藏於黑暗中的小惡魔

「小惡魔（Imp）」這個詞來自於
「Ympe」，指一棵「嫁接的樹」；
小惡魔也在某段時期被認為是一種能讓果實成熟的妖精。
隨著時代的演變，大約到了16世紀被分類為惡魔，
而後逐漸被認為是女巫的使魔。

曼德拉草

Story

小小魔法使在小屋的庭院裡
栽種各式各樣的藥草。
今天早晨要拔曼德拉草，於是我前來觀賞。
當然，我有記得帶耳塞過來。
曼德拉草的綠葉和暗紫色小花，
隨著強烈的春風而搖擺。
「趁果實把養分帶走之前拔出來吧。」
於是，小魔法使連耳塞都不戴，
直接抓著曼德拉草拔了起來。
沒想到發出驚叫聲的反而是我。
「耳塞一定要戴好喔！」
小小魔法使冷靜的表情，
還有曼德拉草不滿的表情，真令人印象深刻。

協助：工房SPIRIT

MATERIALS	TOOLS
◇烤箱陶土（每塊10g）	◇烤箱
◇壓克力顏料	◇畫筆
◇人造葉子	◇牙籤
◇熱熔膠槍	◇熱融膠條

1

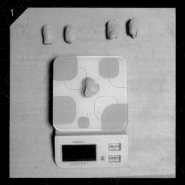

秤一秤黏土的重量。捏出長度約4～5cm的形狀，每塊10g。如果想要製作不同大小，則不需要秤重。

2

將 1 捏成像海星的5個角（製作小型物品時，與其將不同部位黏起來，不如以揉捏延長的方式製作，可減少破損的情況）。

3

為了呈現根部的皺摺質感，用筷子等工具的前端，在 2 中戳出凹洞，然後用手指壓一壓。

如果像做出螺旋狀的形體，需要將手腳拉長一點。

將陶土捏一捏或扭一扭，做出各種形狀。捏太久會造成陶土乾裂，因此需要快速成形。

用牙籤或竹籤戳出臉部表情。

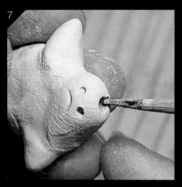

在頭部用牙籤戳出葉子的凹洞。

靜置乾燥1天，放入預熱180℃的烤箱烘烤1小時。

在烤好的曼德拉草整體塗上壓克力顏料。

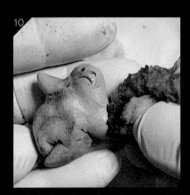

修整裂痕和凹痕，將陶土抹均勻，並且擦

切出長度適中的人造葉子，用熱溶膠槍擠

蛇怪（Basilisk）一詞源自於
希臘語βασιλεύς（basileus），
具有「小王者」的含義。
蛇怪是君臨所有蛇之上的蛇中之王。
古羅馬學者老普林尼所著的《博物誌》中記載，
蛇怪是產自克里特與昔蘭尼加的小型蛇，
這種蛇擁有劇毒，
若騎馬的人手持長槍刺入蛇怪，
劇毒會透過長槍蔓延致死，
甚至連馬都會跟著死去。

MATERIALS

◇乒乓球
◇螢光熱熔膠條
◇水性壓克力顏料
　（象牙白、焦茶色）
◇裂紋漆

TOOLS

◇熱熔膠槍
◇美工刀
◇畫筆
◇竹籤

1

用美工刀在乒乓球上開孔，一邊旋轉一邊

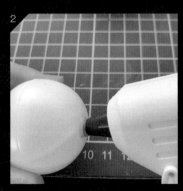

2

用熱熔膠槍在 1 裡面擠入螢光膠條。

3

等熱融膠條稍微凝固後，插上竹籤以作為

在 3 的整體塗上焦茶色（深色），插入玻璃杯中晾乾。

5

4 晾乾後，塗上裂紋漆。

6

等 5 幾乎乾了以後，塗上白色（淡色）顏料。（※）

7

顏料開始變乾時，裂紋會愈來愈明顯。

※塗上裂紋漆後，經過約8小時便會完全乾燥。由於乾燥後就不會再出現裂紋了，所以請在8小時內上色。

8

顏料完全乾了以後，將竹籤拔出來。

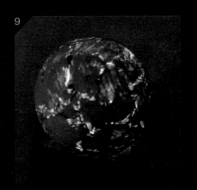

9

孔洞朝下放在燈光上面，裂紋會透出光芒。

10

使用黑光燈照射，裂紋會透出螢光。

蜂妖精的繭殼

Story

妖精棲息在人類無法進入的森林深處，
或是標高很高的高原上。
妖精會根據其類型，決定負責照料的鳥類或昆蟲，
而且還會擁有與該生物相似的翅膀。
前陣子，我從小小魔法使那裡拿到
一種裝在小瓶子裡的白色圓形物。
仔細一看，上面有許多如蜂巢般的孔洞，
有些洞裡似乎塞著什麼東西。
一問才知道是蜂妖精的繭殼。
「其實這是很好的魔藥材喔。
據說當作禮物送人可以加深感情，
所以就送給你吧。」
說出這句話的小小魔法使害羞地笑了。

MATERIALS

◇乾燥的楓樹果實
◇含氯漂白劑
◇螢光熱熔膠條
◇標本棉
◇標本瓶

TOOLS

◇熱熔膠槍
◇有大蓋子的容器

1

在附有大蓋子的容器中，放入乾燥的楓樹
果實。

2

將稀釋2倍的含氯漂白劑裝滿 1，並且
蓋上蓋子。

3

偶爾搖晃攪拌一下，1個月後倒掉液體並
用水清洗。如果外殼裡還有殘留物，則需
要再次浸泡漂白劑。

4

用流水沖洗，取出殘留的濃密絨毛（種子），只保留外殼，並且放至乾燥。

5

風乾之後，使用熱熔膠槍，在幾個洞裡面擠入螢光熱熔膠。

6

放入鋪有棉花的標本瓶中裝飾。放在明亮的房間裡，關燈時會散發神祕的光芒。

7

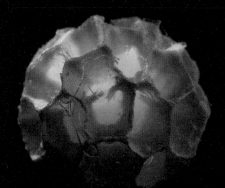

因為表面的凹凸起伏很大，改變黑光燈的打燈角度好，可以呈現各種不同的樣貌。

湯瑪士・西奧多・梅瑞林的收藏

我喜歡帶有博物學色彩，「完美呈現真實感的虛構故事」，閱讀《鼻行類動物》（Harald Stümpke）和《平行植物》（李歐・李奧尼）時，我會想像成真實的故事，讀得很開心。《鼻行類動物》是我20多歲時，在東京車站八重洲口的書店裡買的，當時這本書被放在自然科學類的書架上。副標題和書腰上的內容，都表示這是一本關於新發現哺乳類動物的書；不管哪個店員看到這樣的封面介紹，應該都會歸類在自然科學類吧。

除了書籍的呈現之外，實際上也存在不可思議的標本收藏。在網路普及的時代，很容易就能接觸到世界各地的事物。某一天，我觀看了一個網路檔案「Merrylin Cryptid Museum」，裡面刊載了妖精木乃伊和人魚的骨骼標本，以及與遊戲中的怪物如出一轍的幻獸標本照片。這些是由一名叫做湯瑪士・西奧多・梅瑞林（Thomas Theodore Merrylin）的博物學家經年累月蒐集而來的標本。

MERRYLINMUSEUM.COM

ALEXCF.COM

湯瑪士·西奧多·梅瑞林將他在倫敦的排屋捐給一間孤兒院。捐贈的唯一條件是絕對不能打開地下室，且絕不能變賣屋子。這棟排屋始終依照約定，用來當作孤兒院。然而，孤兒院在1960年代解散了，建築物最終在2006年遭到拆除。後人在兩層紅磚牆的後方發現被封印的門，有個箱子似乎自1940年代以來不曾使用過，裡面有超過5000件動植物的標本和實驗工具。

這些收藏被一位名叫Alex CF的策展人兼保管人公諸於世。或許一時之間還無法相信其真實性，但它們確實是很有吸引力的收藏品。

後來我搜尋了梅瑞林和那些收藏品的相關文章。當然，其中有些文章認為收藏品都是做出來的東西。文中表示，這些東西都是倫敦藝術家Alex CF製作的人工製品。如果真是做出來的，木乃伊、骨骼標本，以及梅瑞林使用過的古老實驗工具，製作這些東西的技術和品味都非常了得。梅瑞林的人物設定、發現收藏的事情經過，連虛構故事的細節都如此講究，真想為他拍手喝采。

　　但是，如果這些全都是假的，那在設定上未免太過完美。而且博物館的官網並未表示這是虛構的故事，所以也有可能全都是真實的。

　　由於梅瑞林的收藏品很多都太怪誕，因此我並不打算模仿製作，但搭配小故事作而成的幻想物品實在很有魅力。書中製作的物品都有搭配小故事，希望各位也能加入一些屬於自己的故事，享受動手的樂趣。

※p.68～70的照片皆取自「MERRYLIN CRYPTID MUSEUM」（http://www.merrylinmuseum.com／）刊載的照片。
copyright Alex CF 2014

Chapter 3

注入魔法的水

WATER WITH MAGIC

瞬間封住魔法的水

Story

在某個小城市的小建築屋頂上
小小魔法使正在小屋中
研究魔法和魔藥。
聽說研究遇到瓶頸時,
搖晃裝有「淨化之水」的瓶子,
就能淨化房間的空氣。
小小魔法使關閉窗戶,大口深呼吸,
將手中的瓶子用力一甩。
房間裡的惡氣被吸入瓶中
(但我看不見惡氣),
透明的水瞬間變成藍色的。

此外,氣虛被認為是「穢氣」,
可透過活化氣場來去除穢氣。
「活性之水」本來是黃色的,
搖一搖會變紅色,最終變成黃綠色,
並且回到黃色。

活性之水   淨化之水   ◇手套

◇濃度2%的氫氧化鈉200 ml（※1）   ◇濃度2%的氫氧化鈉200 ml（※1） ◇燒杯

    （1mol氫氧化鈉100ml＋蒸餾水100 ml） （1mol氫氧化鈉100ml＋蒸餾水100 ml）◇滴管

◇葡萄糖3g   ◇葡萄糖3g   ◇密封瓶

◇靛藍胭脂紅 少量   ◇亞甲藍液 少量   ◇鍋子

◇溶解靛藍胭脂紅的水 少量   ◇溶解亞甲藍液的水 少量   ◇免洗筷

活性之水

1

在燒杯中倒入200 ml濃度2%的氫氧化鈉，45℃隔水加熱約5分鐘。

2

在 1 中加入葡萄糖，用免洗筷攪拌溶解，倒入密封的瓶子裡。

3

在小容器加水，倒入一點點靛藍胭脂紅並充分攪拌（如果是液體靛藍胭脂紅，可以直接使用）。（※2）

4

用滴管吸一滴 3，並且滴入 2。

5

不要搖晃瓶子，確認紅色消失後，再加一滴 3。持續滴到紅色難以消失為止。紅色很難消失時，將液體放涼，使其穩定。

※1 在日本，雖然氫氧化鈉被列為劇藥，但做成水溶液後，1mol的強度與廚房專用藥品同等級，因此不需要相關文件即可交予他人。實驗結束後，可直接在廚房用水沖洗倒掉。

※2 「淨化之水」以亞甲藍液代替靛藍胭脂紅。

活性之水

淨化之水

將瓶蓋確實封緊，確認周圍沒有其他東西後，開始搖晃瓶子。「活性之水」原本是黃色，
搖晃後變紅色，接著從黃綠色變回黃色。「淨化之水」則會從透明的液體瞬間變成藍色。
藍色液體放一小段時間後，會變回透明色。再次搖晃又會變成藍色。

封印魔力的封蠟印章

用封蠟印章在各式各樣的東西上貼一塊裝飾，
就能做得更像魔法使的物品。
接下來將說明封蠟印章的使用方法。
市面上有販售多種顏色和圖案的封蠟印章，
請找出喜歡的款式，試著改造看看吧。

1 將封蠟融化。如果有專用工具，請點火加熱，直到固態封蠟完全融化為止。若沒有專用工具的話，請將封蠟放在湯匙上，在下方用打火機烤熱（請小心避免火碰到封蠟）。

2 封蠟融化之後，慢慢滴在折疊的鋁箔紙上（融化後馬上滴下去，擴散的封蠟會變太薄，請慢慢滴入）。

3 封蠟印章從上方壓下去，靜置直到封蠟放涼。封蠟涼了以後再移開印章。

4 從鋁箔紙上取下象徵圖案，並在瓶身貼上雙面膠。

在黑暗中閃耀的魔法水

MOVIE

Story

某天晚上，我去拜訪小小魔法使，
屋裡很暗，她似乎不在家，
於是我偷看了一下，
發現一個散發美麗光亮東西。
小小魔法使詠唱某種咒語，
在大大的瓶子裡倒入紅色液體。
紅色液體轉成漩渦狀，發出綠色的光。
看起來就像小小的極光。
小小魔法使注意到我後說道：
「這個啊，是魔法行舉行儀式時使用的燈。
製作方法是在新月之夜，將年輕女巫的少量血液滴入魔法水。
提供血液的女巫會得到特別的稱號，
所以女巫們每天都過著規律的生活，
想著下次一定要獻出自己的血呢。」

MATERIALS

◇螢光液（※）

※靜置一段時間後會沉澱分離，使用前需要充
　分搖晃。

TOOLS

◇瓶子
◇免洗筷之類的棒子

1

在瓶中加入30℃左右的溫水，用棒子攪
拌繞圈，慢慢地做出漩渦狀水流。

2

加入幾滴螢光液。

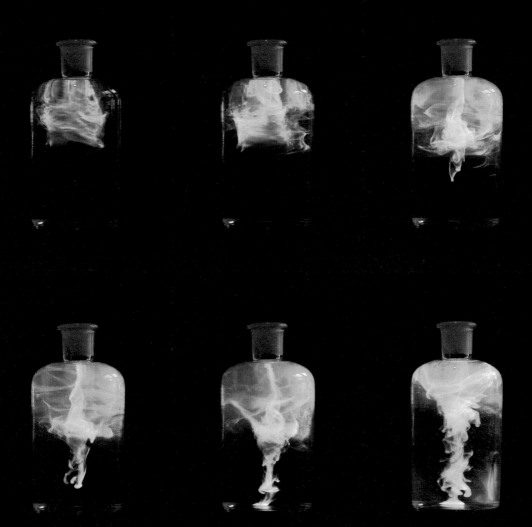

關掉房間的燈,將黑光燈打在 2 上。螢光水透過水的流動形成漩渦狀,如極光般美麗耀眼。將水和螢光水混合均勻,就能讓瓶子整體發光。

發光的墨水

Story

這是魔法使進行儀式或繪製咒文時所使用的墨水。
滴在紙張上的墨水，還能用來占卜。

某天我到小屋裡拜訪小小魔法使時，
東邊的天空突然暗下來。
但剛採集的樹木果實還鋪在家裡乾燥，
要是遇到下雨就糟了。
正當我急急忙忙準備趕回家時，
小小魔法使拿出一張紙，用筆沾取光之水並滴在紙上。
滴墨形成大大小小的點，發出藍色的光。
「沒事的。烏雲不會過來這裡。」
天氣如她所說的，過一下子就放晴了。
天空並沒有下雨。

MATERIALS

◇螢光墨水（※1）
◇老舊的墨水瓶
◇軟木塞（或是橡皮塞）
◇水性亮光漆

1

老舊的墨水瓶是在古董店或古董市集買到的。

2

沒有蓋子或蓋子不能用的瓶子，需要準備符合尺寸的軟木塞或橡皮塞。如果使用的是軟木塞，則要塗上水性亮光漆。

3

瓶子乾燥後，倒入墨水，並蓋上塞子。可依照喜好在上完漆之後，用砂紙磨一磨，進行陳舊感加工。

4

直接將黑光燈打在 3 上，整個瓶身會發出藍光。

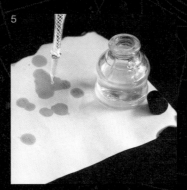

在無漂白的紙或黑紙上滴墨水，用筆畫圖或用沾水筆寫字，再用黑光燈打光，就會浮現出藍色的光。（※2）

※1　使用展覽會場入口，用來蓋手章的墨水。
※2　在未使用過的印台或海綿上浸透墨水，用來蓋印章也十分有趣。

顯現羽毛的水

Story

這是小小魔法使的占卜工具之一。

父母會在孩子離開家裡獨立時，

將製作配方傳授給孩子。

配方中也會註明差分調整的方式，

魔法使需根據新土地製作新的配方，

總有一天要傳承給孩子。

在安穩的日子裡，水十分清澈，一點污濁都沒有。

冬天來臨時，降霜的早晨，或是感覺到暴風雨的預兆時，

水中就會出現各式各樣的羽毛或雲朵。

這個工具的解讀方法也是

魔法家庭中代代相傳，

且不可外傳的祕密。

MATERIALS

◇樟腦14g

◇乙醇40ml

◇硝酸銨3 g

◇氯化鉀3 g

◇蒸餾水30ml

※上述比例，請根據容器大小調整分量。

TOOLS

◇有透明蓋的容器

1

將乙醇和樟腦放入有蓋子的容器中，用免洗筷等工具敲碎樟腦。敲碎至一定程度後，搖晃容器並加以溶解（不採用隔水加熱）。

2

在燒杯中加入氯化鉀，測量分量。

3

在 2 中加入硝酸銨和蒸餾水，並測量分量。

用免洗筷攪拌溶解。如果無法完全溶解，則輕輕地進行隔水加熱。

在 1 中一口氣加入 4（變白濁），蓋上蓋子後靜置。（※1～3）

溶液會根據溫度變化和斜度形成各種不同形狀的結晶（溫暖時，結晶消失；氣溫下降時，結晶出現）。

※1 直到混合後的試劑均勻融合，可能需要數日至數月的時間。如果物質經過數日依然呈現不透明的白濁狀態，則用免洗筷攪拌並觀察情況。如果白濁物還是沒有消失，請一邊觀察一邊加入幾滴乙醇。溶液中的物質呈現半透明就是製作成功。

※2 溫暖的季節（溫暖的土地）上無法形成結晶，需要加入幾滴蒸餾水。如果結晶太多，則加入幾滴乙醇。

※3 容器請一定要密封，並且放在小孩子和寵物無法碰到的地方。溶液沾到皮膚或眼睛時，請用水清洗，並視情況尋求醫師的診斷。

市政廳藥局

　　「市政廳藥局（Raeapteek/ Town Hall Pharmacy）」是如今仍存在於愛沙尼亞首都塔林的一家藥局。這家藥局在同一個建築物中持續營業，被認為是歐洲最古老的藥局。藥局的確切開業年月日不明，據說1422年時已傳至第3位所有人。

　　我曾在某天在網路上找到這家藥局的照片，於是將接待客人的主要區域製作成娃娃的拍攝場景。為什麼排列在老舊架子上的藥瓶會如此有魅力呢？本書第二章「魔藥的材料」，就是以這個藥局擺放的老舊藥瓶，或是裝有標本的瓶子為意象製作而成。希望你盡可能地多做幾個，擺上瓶子作為裝飾。

　　藥局保存著1695年的商品TAXA（價格表），上面有54種水、25種脂肪、32種香脂、62種果醬、128種油、20種酊劑、49種軟膏、71種藥用茶，還有烤蜜蜂、種馬蹄、烤刺蝟、蚯蚓油、川燙過的犬糞、人類脂肪等。現在也有在販售部分藥材。

簡單介紹一些目前也有販售的藥材吧。

　　【波爾多紅葡萄酒】使用紅酒和辛香料釀成的酒。於1467年製造，由於味道很強勁，一般認為喝了會體溫上升，提高免疫力，去除口腔中的細菌。

　　【波爾多紅葡萄酒香料】依照16世紀的配方，調和未精製濃縮過的甘蔗、生薑、肉桂、高良薑、丁子香、肉豆蔻花及番紅花。

　　【辛香料與巧克力的扁桃仁膏】72%由扁桃仁組成，還有加入黑胡椒、辛香料、芫荽、肉豆蔻、生薑、丁子香、肉桂、豆蔻及迷迭香。

　　【Raeapteek扁桃仁膏（Panis Martius）】用來當作失戀時的藥品。據說可緩解失戀時的痛楚，促進腦部活動。緩解失戀痛苦的扁桃仁膏，是漢薩同盟時代北歐最知名的扁桃仁膏之一，最初就是在市政廳藥局販售。

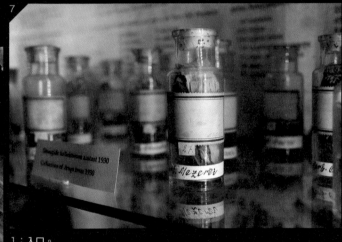

1：入口。
2：門上有蛇的標記。
3：建築物的牆上有象徵藥學的許癸厄亞之碗（被蛇纏繞的杯碗）。
4：店內的角落設有一個小博物館。
5：天花板上吊著鱷魚的剝製品。
6：酊劑和油的壓榨機。
7：排列在老舊架子上的藥瓶，為何如此有魅力？

修道院的利口酒

　　在中世紀時代，醫藥和魔法是混在一起的。市政廳藥局的博物館室也有展示乾燥的青蛙和刺蝟等收藏。這些展品就像女巫咕嚕咕嚕煮著魔藥的故事中出現的東西。當時被稱為藥局的設施並不多，以藥草為材料的利口酒在修道院製作而成。

　　據說利口酒起源於西元前，將藥草溶於葡萄酒中釀製而成，最古老的蒸餾酒發現於西元前4000年的美索不達米亞。現在的利口酒會以蒸餾酒為基底，其原型是由中世紀的鍊金術師製造而成。

　　同一時期，修道院中也持續進行與現代醫學有關的研究。這是一個病人會優先仰賴神明的時代。修道士會借助神的力量鼓勵患者，同時利用藥草加以治療。而後，修道院將一種稱為Infuso的藥草煎成藥，蒸餾法的研究因此更進一步。

　　現今的醫藥界已開發出非常多種藥品，雖然中世紀的藥品並未保留下來，但藥酒到現在依然很受歡迎，有些藥酒甚至在全世界販售。其中著名的有「利口酒女王」的蕁麻酒（Chartreuse），是法國很有代表性的利口酒之一。詳細的製作方法並未公開，是由夏特勒茲（Chartreuse）修道院的多名修道士口頭傳承而來。根據已公開的情報，蕁麻酒的基底是白蘭地，其中加入砂糖及130種藥草，並放入桶子中熟成。製造過程需經過5次浸漬、4次蒸餾，根據調合與熟成時間的差異，市面上有販售不同種類的蕁麻酒。

日本也買得到的
蕁麻酒

Chapter 4

魔法

MAGIC

積雪的魔法

Story

我有一位來自溫暖國家的朋友來這裡旅遊。

那天非常寒冷，中午下的雨到了傍晚變成白雪，

彷彿天空飄落飛舞著柔軟的羽毛一般。

朋友人生第一次見到雪，內心非常感動，

不過雪停後並沒有積雪，美麗的月亮在夜晚中浮現。

我告訴朋友，積雪的城市會呈現一片雪白，

他覺得雪停了實在好可惜。

於是我拜託小小魔法使，

請她用魔法單獨讓我家的庭院積雪。

紅色果實、綠色樹葉、褐色樹木果實，全都染上純白的雪。

MATERIALS

◇水 100ml
◇尿素 120g
◇洗衣膠（PVA） 5ml
◇研磨清潔劑 一撮
◇廚房清潔劑 10滴
◇喜歡的葉子或果實

TOOLS

◇燒杯

1 在燒杯中加入水和尿素，用免洗筷攪拌混

2 尿素溶解時會吸熱，溶液的溫度會下降，

3 尿素溶解後，倒入PVA、研磨清潔劑和

※下方墊一層報紙，小心避免碰到地板或
　衣服。多餘的溶液一定要放入可密封的
　容器中保存或丟棄。

4

準備喜歡的樹葉和樹木果實等材料。

5

直接將 4 泡入 3 的燒杯中。葉子太大放不進燒杯的話，請使用噴嘴。（※）

6

將 5 風乾。過一段時間便會形成結晶，顏色愈來愈白。

可欣賞一整年的雪

看起來很像雪的物質是尿素結晶。
尿素結晶很柔軟，而且會立刻溶於水，
想拿來當作裝飾時，可以放入玻璃瓶裡。
研磨清潔劑是結晶的核心，PVA 會增加結晶的強度，
廚房清潔劑的界面活性劑效果，則能發揮促進結晶成長的功能。
但不加入這些材料，一樣能生成結晶。

召喚蛇怪的魔法

Story

有光的地方，就會形成影子。
而萬物皆如此，
魔法當中也存在著白魔法與黑魔法。
這裡將運用黑魔法
召喚出巨大的蛇——蛇怪，
並且用來製作藥方。
蛇怪吐出的氣息具有毒性，
黏著的血液是全黑的。
用聖水稀釋全黑的血，便會形成深紅色的液體。
毒性可根據不同的使用方式，做成強大的解藥。
魔法使會將毒氣做成血清或解藥，
稀釋後的血液，可製作出藥品「薩圖恩努斯之血」。

MATERIALS

◇沙子（容器一半的分量）
◇白砂糖 40g
◇小蘇打粉 10g
◇打火機專用油　適量

TOOLS

◇碗（裝沙子）
◇杯子
◇湯匙——
◇打火機

1

在杯子裡倒入小蘇打粉和白砂糖，並且用湯匙充分攪拌。

2

將乾燥的沙子倒入碗中。

3

在 2 中繞圈倒油。從中心點開始慢慢畫圓繞圈，加到碗半徑一半的位置。

4

在 3 的正中央集中加入 1。

5

選擇周圍沒有可燃物的地方，在沙子中點火。（※）

※火勢會隨著油量提高，請在無風且周圍無可燃物的地方燃燒。此外，蛇怪的形體可能會從碗中跑出來，因此請在底下鋪一層鋁箔紙。

蠢動的蛇怪

為了讓沙子和油持續燃燒，實際操作時，在固體燃料上放入蔗糖（白糖）和小蘇打粉的混合物加以燃燒，就會出現蛇怪的形狀。小蘇打粉遇熱分解，產生二氧化碳，蔗糖（白糖）遇熱則形成黑碳（碳素）。利用二氧化碳使黑碳膨脹，產生像蛇一般的形體。

蛇與醫學

WHO（世界衛生組織）的標誌上有蛇的圖案。專欄「市政廳藥局」（p.82）的藥局標誌也與蛇有關。世界各國許多急救機關的標誌也會出現蛇的符號；由此可知，自古以來，醫學與蛇的形象有著密不可分的關係。WHO的官方網站有刊載標誌的介紹。蛇纏繞著權杖的形象，長久以來被視為醫學與醫療職務的象徵，其由來起源於希臘神話中的人物——手持蛇杖的阿斯克勒庇俄斯。他被視為「治療之神」，受古希臘人崇拜。而他那把被蛇纏繞的權杖，也被當作信仰的對象。

不過，為什麼阿斯克勒庇俄斯的權杖有蛇纏繞呢？關於這一點，可資蛇的脫皮習性與蛇毒加以推斷。脫皮象徵脫胎換骨的概念，而蛇毒則能用來製造各種不同的藥物。舉個熟悉的例子來說，泡入腹蛇的烈酒被人當作精力劑飲用，因此蛇是強大生命力的象徵。

6

燃燒後火勢更加猛烈，彷彿蛇怪會隨著火勢愈來愈弱而被召喚出來。

毒草筆記　～女巫與毒藥與醫學～

在醫學概念尚未存在的時代裡，世界上充滿許多魔法。而說到操縱魔法的人，通常會聯想到預言家、占星師、鍊金術師等。被稱為女巫的女性會使用自製的魔法藥來替人們治病。然而，後來便發生歷史課本中提過、很有名的獵殺女巫運動。基督教為了傳教活動、教會與國家威望，必須貶低受到人民仰賴的女巫。後來，許多書籍或繪畫中，都留有女巫製作的藥物很可疑，或是女巫的行為如何放蕩的紀錄。但他們為了達到目的，甚至連女巫助人的魔法都被暗中處理掉。女巫審判中最有問題的一種藥是「女巫軟膏」。

《世界女巫百科》（Fernando Jiménez del Oso）書中有記載幾種藥品配方。最早出現的藥品配方，記載於義大利數學家吉羅拉莫・卡爾達諾（1501～1576年）的著作《De Subtilitate》。

> 毒麥、天仙子、毒參、紅色與黑色的罌粟、萵苣、馬齒莧　各0.0648g。
> 上述所有材料與油的比例為4比6。每份31.103g，加入1.296 g的底比斯鴉片。
> ※底比斯被推測為以栽培罌粟而聞名的埃及底比斯。

將有毒成分和油一起塗在身上，應該就能慢慢地吸收，不至於死亡。材料的用量實在非常少。由於需要嚴謹地把控分量，女巫軟膏的價值也因此提高。在那麼久以前的時代，光是能夠精確量測出材料的分量，應該已經是很了不起的技術。

還有一種配方如下。

> 人類脂肪　100g、高純度的哈希什　5g、大麻的花　單手的一半、
> 罌粟花　單手的一半、鐵筷子粉末　一撮、磨碎的向日葵種子　一撮。

關於人類脂肪這項材料，本身具有暗中殺人或破壞屍體罪行的含義，這或許與成分無關，是後來才被加入的材料。除此之外的其他材料，例如哈希什、大麻、罌粟，很明顯都是麻藥的原料。鐵筷子是聖誕玫瑰的別稱，有些品種的葉子和根莖有毒，在民間療法中被用來作為強心劑、瀉藥、墮胎藥等藥物。攝取鐵筷子會引起嘔吐、腹瀉、痙攣、呼吸困難、精神錯亂等症狀，也有可能造成心跳停止。目前推測這種藥物可讓內心獲得解放或短暫的快樂，會看到幻覺，就像在天上飛一樣。

女巫製作的許多藥物中都含有生物鹼（毒），比如罌粟是嗎啡的原料，不曉得有多少人曾拜嗎啡所賜，從疼痛中得到解脫？毒物，也可以變成藥物。接下來將介紹女巫和魔法使曾使用的毒草和藥草，以及在現代社會如何使用它們。

曼德拉草

（茄蔘）
茄科　茄蔘屬
學名：*Mandragora officinarum*

曼德拉草經常出現在魔術或鍊金術的原料清單中。曼德拉草的根莖分開並相互交纏，就像人腿。當根部引起幻覺和幻聽時，表示含有致死的神經毒。是從地上拔出來時會發出淒厲的叫聲，是曼德拉草成名的小故事。據說人聽到叫聲就會發狂死亡。曼德拉草有分雄雌兩種，但並非像油橄欖或奇異果那樣的雌雄異株植物；春天開花是雄株，秋天開花則是雌株。

《殺人・呪術・醫藥》（東京化学同人）書中引用教宗儒略三世的御醫，安德烈斯・拉古納於1545年的描述，據說曼德拉草也被用來製成製造女巫軟膏。除此之外，曼德拉草自古以來便被當作一種藥草，舊約聖經的創世紀中記載，曼德拉草（風茄）具有催情作用和受孕效果，被稱為「愛的茄子」。在許多不同的時代，曼德拉草也被用於手術時的麻醉藥、止吐藥物或魔法儀式中。

顛茄（葵）

茄科　顛茄屬
學名：*Atropa bella-donna*

顛茄是很著名的植物，其根與葉經常被用來製作女巫的藥品。主要毒性成分為莨菪烷類生物鹼，一旦引起中毒，便會出現嘔吐、散瞳、異常興奮的症狀，最壞的情況甚至會導致死亡。顛茄的莨菪烷類生物鹼成分中，含有莨菪鹼、阿托品和東莨菪鹼等物質。它的果實味道雖然類似藍莓，很甜很好吃，但是卻不可以食用。女巫們會將顛茄和油混合後塗在身上。後來經研究發現，皮膚和汗腺吸收後，莨菪烷類生物鹼（尤其是莨菪鹼）並無中毒風險，且可以傳達至腦部。

阿托品在現代被當作一種代表性的副交感神經阻斷藥，可針對胃潰瘍、十二指腸潰瘍、膽管與尿管疝痛、腸胃痙攣疼痛，以皮下注射或口服方式給予藥物。在醫藥品方面，被用來當作硫酸阿托品；眼科的散瞳劑也會用到阿托品。學名bella donna取自義大利語，具有「美麗女性」的意涵，這是因為瞳孔放大效果會讓女性看起來更漂亮。

天仙子

茄科　天仙子屬
學名：*Hyoscyamus niger L.*

天仙子與顛茄相同，屬於女巫經常使用的植物。天仙子比顛茄更容易栽培，可自行生長成一大片。順帶一提，其學名（屬名）Hyoscyamus的意思是豬的豆子。使用天仙子後，人會因強烈的幻覺症狀而做出異常行為，或是因中毒而做出不理性的行為，所以學名中才會出現豬的詞彙。天仙子所引起的幻覺、在空中飛翔般的感覺，就像被施了魔法一樣，女巫們應該很樂在其中吧。女巫會騎掃帚在天上飛的定論，被認為大約是從這個時期衍生而來。

天仙子所含的生物鹼跟顛茄很類似，有莨菪鹼、東莨菪鹼、阿托品、變阿托品、茛芋鹼等，可用於製作散瞳劑，作為眼底檢查時放大瞳孔的藥品；其鎮痛、抗痙攣、鎮靜效果，則可用於抑制胃痛或心臟病。

罌粟

罌粟科　罌粟屬
學名：*Papaver somniferum*

罌粟是很知名的麻藥原料。蒴果在日文中被稱為芥子坊主，開花結束後，趁蒴果（果實）成熟前，在表面割出淺淺的裂痕，就會流出乳白色的汁液。乾燥後的汁液就是生鴉片。女巫們根據罌粟的效果，發明了陶醉感或深層睡眠的魔法。

在醫藥方面，從17世紀醫者製造的鴉片酊開始發展。而後，法國人由鴉片提煉出可待因。據說可待因具有很好的止咳功能。1804年，德國藥劑師弗里德里希‧瑟圖納提取嗎啡。這是人類首次從藥用植物中分離出生物鹼，瑟圖納認為嗎啡如「做夢一般去除疼痛」，於是便以希臘神話中的夢神摩耳甫斯（Morpheus）為靈感，將藥物取名為嗎啡（morphium），因此被稱為嗎啡。後來又從嗎啡中製造出海洛因。至於海洛因的作用和毒性，應該不需要多加贅述了吧。不過，海洛因在現代醫療上也是不可或缺的一種藥物。

大麻

（大麻草）
大麻科　大麻屬
學名：*Cannabis L.*

說到大麻草一詞，由於新聞經常出現「大麻取締法（日本法律）」，很多人應該覺得很耳熟吧。女巫軟膏的配方中有一項材料是「高純度的哈希什」。大麻草的腺毛稱為毛狀體，其中含有豐富的大麻素，使人產生陶醉感；哈希什（又稱哈希、巧克力、茶葉）主要由大麻毛狀體製成。成熟雌株花朵的腺毛含有最多毛狀體，因此p.92清單中的「單手一半分量的大麻花」一定是指雌花。

目前《日本藥典》中並未收錄大麻，但國外有些國家將其作為醫藥品使用，並且進行販售。

芫荽

繖形科　芫荽屬
學名：*Coriandrum sativum L.*

在日本提到芫荽，或許泰文發音的「pakˇchī」更為人熟知。而芫荽在中文裡稱作香菜。

在古埃及，芫荽是作為料理和醫療方面的食材。芫荽具有輕度的麻醉作用，而且被當作一種催情劑，因此女巫經常使用芫荽製作媚藥。其葉子和種子中含有多酚類和萜烯類的植物性揮發油（精油）。芫荽會散發出獨特的香味，主要成分為芳樟醇。

目前為止已介紹具有毒性、可作為媚藥的知名植物。不過，女巫也會製作驅魔藥。在那個一般認為生病是由「邪魔」引起的時代裡，驅魔藥其實是預防或治療疾病的藥。以下將介紹其中較常使用的幾種藥草。

蕁麻

（異株蕁麻）
蕁麻科　蕁麻屬
學名：*Urtica thunbergiana*

蕁麻有不同品種，而女巫們使用的種類是異株蕁麻。蕁麻是歐美植物療法中不可或缺的重要藥草，現今也可以用於改善各式各樣的症狀。蕁麻最主要的功能，就是促進身體排泄老舊廢物（氧化物、尿酸等代謝產物），藉此淨化血液，預防異味性皮膚炎、花粉症、風濕病等過敏性，以及痛風、前列腺肥大等代謝疾病。德國政府的天然藥草研究委員會（Commission E）的專書中也有收錄蕁麻。書中記載蕁麻可用於治療風濕病、膀胱炎、尿道炎，並用來沖洗尿砂（因結石而形成的顆粒）。

藥用鼠尾草

唇形目　唇形科　鼠尾草屬
學名：*Salvia officinalis*

藥用鼠尾草與其他香草相比，具有更顯著的抗氧化作用。其葉子含有蒎烯、桉葉油醇、側柏酮、冰片等植物性揮發油（精油）。這些成分會刺激味覺神經，增加唾液和胃液的分泌功能，據說可在食欲不振時，或是反而吃太多時發揮其功效。除此之外，熬成湯藥可以促進血液循環。

古希臘人會以藥用鼠尾草消毒，並且製成治療喉嚨痛或支氣管發炎的處方藥；中世紀歐洲人將其作為提升記憶力的藥；印度人會在阿育吠陀療法中燃燒藥用鼠尾草以淨化空氣，或是加入牙膏或肥皂中使用。

槲寄生

檀香科　槲寄生屬
學名：*Viscum album L.*

槲寄生屬於寄生植物，因此根部不會長在地上，其根部會攀附在其他樹木的樹幹或枝條上生長。槲寄生不會單方面吸取其他植物的養分和水分，它們也會自行光合作用，處於半寄生狀態。但是，許多被寄生的樹最後還是會枯萎。

對古代凱爾特民族的神官德魯伊而言，被槲寄生寄宿的樹是神聖的植物，其中被寄生的橡樹最為神聖。他們會用金斧頭將橡樹上的槲寄生砍下，並以白布接住。未曾接觸過髒土的枝條，會被當作用來驅魔的神聖之物。

使用槲寄生的枝條驅魔。

Chapter 5

魔法料理

MAGICAL FOOD

植物羊血濃湯

Story

植物羊（Barometz）
又稱為斯基泰羊羔，
是生長於荒野中的傳說植物。
據說它的果實會長出羊。
在果實成熟之前採收，
就能取出羊血和羊肉，
成為魔法使的食材。
果實成熟後自然裂開會生出羊。
這道濃湯使用果實成熟前取出的
羊血和羊肉燉煮而成。
植物羊的生長環境十分嚴苛，
遇到難以採收的情況時，
請以甜菜和羔羊肉代替。

MATERIALS

◇羊肉或羔羊肉　300g	◇迷迭香　2枝
◇甜菜　中型2顆、	◇百里香　5枝
大型1/2顆，或罐裝1罐	◇蝦夷蔥　4～5根
◇洋蔥　2顆	◇多蜜醬汁　1罐
◇蘑菇　7～8顆	◇番茄醬　2大匙
◇鹽　少量	◇紅酒　720ml
◇胡椒　少量	

將肉切成一口大小，擺入調理盤，撒上鹽巴和胡椒。

將切細的迷迭香和百里香葉放入 1，蓋上保鮮膜後，放進冰箱冷藏約1小時。沒有前述食材的話，也可以改用乾燥香草。

3

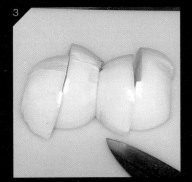

每顆洋蔥對半切後，各切成6塊。

4

蘑菇維持原樣，但大塊蘑菇要切成一口大小。

5

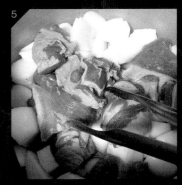

在炒鍋中拌炒 2 和 3。

6

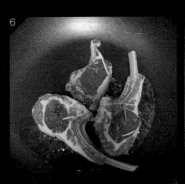
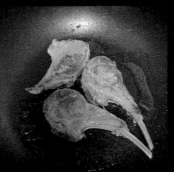

用平底鍋煎羊肉的內部及帶骨的部分，煎至微焦後再加入 5。

7

5 的洋蔥炒軟之後，加入 4 輕輕拌炒。

8

在 7 中加入甜菜和紅酒。（※）

9

加入月桂葉，以小火燉煮1小時（直到肉質變軟）。

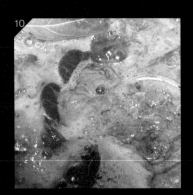

仔細去除浮沫。

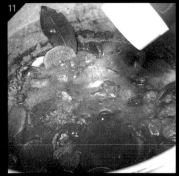

加入番茄醬和多蜜醬汁並充分攪拌，以胡椒鹽調味，繼續燉煮20分鐘。

裝入盤子，依照喜好以蝦夷蔥等食材裝飾。

※甜菜可能因品種或熟成差異而不夠紅，
　準備罐裝甜菜會比較簡單。市面上也有
　販售袋裝的水煮甜菜。

傳說中的植物：植物羊

植物羊被認為是因為誤解而衍生的傳說。
據說植物羊可以採收到棉花，
但有人卻將棉花誤以為是羊毛，
人們因此認為它會產羊毛，進而演變成傳說。
當時人們的想像力真驚人。

13

「植物羊血濃湯」可以變出很多花樣，
所以我決定將想到的點子實際呈現出來。
照片中的濃湯插著香腸，做出被切下來的手指（用紙膠帶做
指甲），並且用炸雞的骨頭當作筷架。還可以將果汁調成看
起來有毒的顏色，體驗各式各樣的玩法。

醃漬克拉肯

Story

克拉肯是北歐傳說中的海怪。

克拉肯曾在挪威近海和冰島海上出現，

嚇得船員們驚恐不已。

關於這道料理的由來，

據說船員在大海中遭克拉肯襲擊，

在激烈的打鬥中砍下海怪腳後，

將其作為勝利的象徵帶回家。

剛被砍下來的海怪腳

本來是藍色的，

即使帶回家後顏色變了，

烹調時還是會染成藍色，

現今的醃漬克拉肯料理仍保有將食材染成藍色的習慣。

MATERIALS

◇洋蔥　1顆
◇小番茄　8顆
◇羅勒　3片
◇章魚腳　200g

◇醃漬液
- 特級初榨橄欖油　4大匙
- 醋　2大匙
- 鹽　1茶匙
- 粗粒黑胡椒　適量
- 檸檬汁　1大匙
- 砂糖　1茶匙（適量）

◇藍色液體（無需全部使用）
- 蝶豆　10顆
- 熱水　100ml

1 切下洋蔥兩端，並且切成薄片。

2 小番茄洗乾淨，去掉蒂頭後對半切。

3 將羅勒切碎。（※1）

將章魚腳切斜片狀。

製作藍色汁液。在杯中加入蝶豆，倒入熱水。

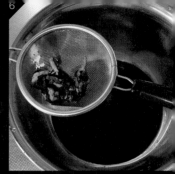

等待顏色充分顯現，用濾網過濾。

在碗中放入 1～4，加胡椒鹽，將 6 繞圈淋上去，放冰箱冷卻。

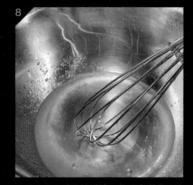

在碗中混合醋和檸檬汁，依照喜好嚐試味道，加入砂糖並充分攪拌。最後慢慢倒入橄欖油，用小打蛋器攪拌至稠狀。

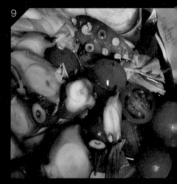

在 7 中淋上 8，放冰箱冷卻 1 小時以上。（※2）

裝入盤中。請選用能夠襯托藍色的盤子。

※1 如果不喜歡羅勒，可以用歐芹或蘘荷等香草代替。
※2 浸泡超過一晚，食材就會染上蝶豆的味道及藍色。

惡魔手指麵包

Story

小小魔法使招待晚餐時，
出現惡魔手指麵包這道菜。
我一開始感到很緊張，
但魔法使卻笑著說：
「已經變成麵包了，
所以不會臭喔。」
我至今仍不知道
那道菜到底是施了魔法的
香菇做成的麵包，
還是魔法使的惡作劇。

協助：ADRIA洋果子店

MATERIALS

◇布里歐麵包
- 高筋麵粉 250g
- 白砂糖 20 g
- 鹽 5g
- 全蛋（M尺寸） 3顆
- 牛奶 30ml
- 乾酵母 5g
- 奶油 120g

◇紅色杏仁奶油
- 奶油 200g
- 糖粉 200g
- 杏仁粉 100 g
- 全蛋 4顆
- 杏仁
  （烘烤切碎）100 g
- 低筋麵粉 40g
- 食用色素（紅） 少量

TOOLS

◇調理盆
◇打蛋器
◇烘焙紙

1
在碗中加入乾酵母，倒入牛奶後充分攪拌。將蛋打進去，並用打蛋器充分攪拌。

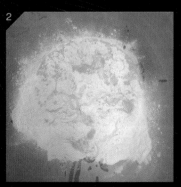
2
在另一個碗中加入高筋麵粉、白砂糖、鹽巴，並將1倒進去。

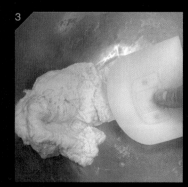
3
仔細攪拌，直到 2 被整成一大塊。

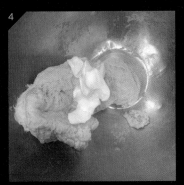

4

回到常溫之後，將奶油切碎並加入 3 中攪拌。麵團出現色澤，變成一大塊之後，用保鮮膜包起來，放進冰箱靜置一晚。

5

靜置一晚後，將布里歐麵團的厚度推壓成 5～7mm。

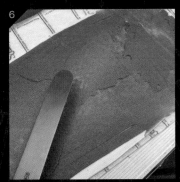

6

在 5 上面抹上大面積的紅色杏仁奶油（p.106）。

7

將 6 麵團捲成蛋糕捲的樣子，放入冰箱靜置約2小時。

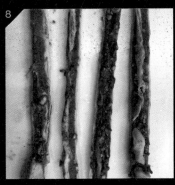

8

將 7 縱向切成4塊。

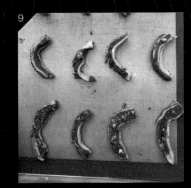

9

依喜好切割 8 的長度，彎成弓的形狀，擺在烘焙紙上，放在30℃左右的地方靜置發酵30分鐘。

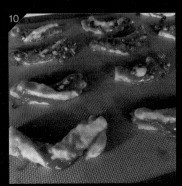

10

撒上巧克力碎片，放入預熱170度的烤箱中烘烤15分鐘。

紅色杏仁奶油

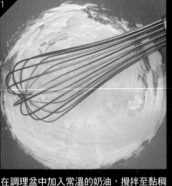

1

在調理盆中加入常溫的奶油，攪拌至黏稠狀。

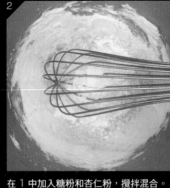

2

在 1 中加入糖粉和杏仁粉，攪拌混合。

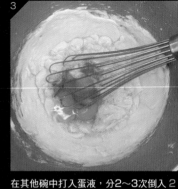

3

在其他碗中打入蛋液，分2～3次倒入 2 中攪拌。

4

顏色變成橘紅色後，將烤過的（170℃烤12分鐘左右）完整杏仁壓碎，倒入 3 中混合。

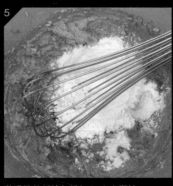

5

將過篩的低筋麵粉加入 4 中攪拌。

6

在 5 中，依喜好加入紅色的食用色素，調出喜歡的顏色。

惡魔手指麵包出爐後，切掉多餘的部分，淋上覆盆子果醬。也可以依照喜好淋上藍莓果醬。做出手指張開的擺盤，就能增加氣氛。

惡魔的手指

惡魔手指是學名為*Clathrus archeri*的蕈類通稱。普通的蕈類會打開傘面並放出孢子，但這種蕈類卻不會開傘，而是像張開的手指，流出含有孢子的血一般的液體。不僅外觀非常像「惡魔的手指」，而且聞起來像「死屍」，真是名符其實。

龍蛋窩沙拉

Story

龍蛋棲息在險峻陡峭的
布羅肯峰山崖洞穴中，
據說最初是由一名魔法使從
小小的龍蛋窩中取得。
魔法使參加完瓦爾普吉斯之夜的集會後，
回程騎著掃帚，沿著崖面急速俯衝，
他在這時發現了龍蛋，
於是便將龍蛋借走。
但傳說中並沒有提到龍蛋的味道。
不曉得吃起來怎麼樣呢？

MATERIALS

◇水煮蛋
┌ 雞蛋3顆
└ 水　適量
◇醃漬液
┌ 水　　300ml
│ 醬油　80ml
│ 砂糖　30g
│ 紅茶包　3包
│ 月桂葉　2片
└ 黑胡椒　適量

◇廣式炒麵
◇青花菜
◇水　適量
◇鹽水比例為1.5L的水，一大匙的鹽
◇沙拉醬
◇美乃滋

1
在鍋中放入降至常溫的雞蛋，倒入稍微淹過蛋的水量，以中火加熱。水滾後轉小火，加熱5分鐘，煮成半熟蛋。

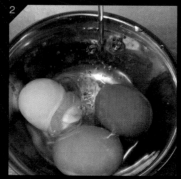

2
將 1 放到濾網上，立即以冷水冷卻。

3
用湯匙輕敲水煮蛋的殼，在整個蛋殼上敲出裂痕。（※）

※3　水煮蛋的蛋黃並未凝固，所以會比較軟，需要小心施力。用大一點的湯匙多次輕敲蛋殼就不會失敗。

在鍋子裡加入醃漬液的材料，以大火煮沸。

用木勺攪拌 4 使砂糖溶解，將 3 放入鍋中，以小火加熱20分鐘。

關火移開鍋子，等餘熱散去後裝進其他容器，放入冰箱醃漬6小時左右。

將廣式炒麵拉鬆，做出龍蛋窩的形狀。

將青花菜以鹽水煮透（水與鹽的比例，1.5L比1大匙，水煮約2分鐘），放涼之後切成容易入口的大小，擺入盤中。

剝下 6 的蛋殼，擺在龍蛋窩的正中間，依喜好淋上沙拉醬。

預知眼球果凍

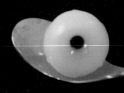

Story

能夠使用魔法的人，
自古以來都擁有聽見遠方聲音、看見遠處事物，
以及預測未來的能力。
據說為了獲得預見未來的能力，
他們會食用「預知眼球」。
聽起來或許有些詭異，
魔法使會將各式各樣的「預知眼球」
依照用途分門分類，保存於壺中。
這裡將介紹的是
最正統的預知眼球。

MATERIALS

◇乳酸飲料　500ml
◇寒天粉　4g
◇食用色素（黑色）適量
◇食用色素（喜歡的顏色）適量

TOOLS

◇球型矽膠模具
◇不同尺寸的圓形金屬花嘴 各1個
◇盤子2個

1

在鍋子裡加入乳酸飲料和寒天粉，充分攪拌後開火。

2

將 1 分成40ml、80ml，分別倒入小盤子。

3

在 2 的40ml溶液中加入黑色食用色素，80ml溶液則加入黑色以外的食用色素。快速攪拌混合後，直接放入冰箱冷卻5分鐘左右。

4

3 的黑色食材（瞳孔），使用小尺寸的花嘴；另一個顏色（虹膜）則使用大尺寸的花嘴。

5

將 4 的黑色食材擠入矽膠模具的正中央，手指輕輕地壓一壓。

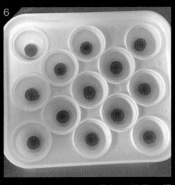

6

在 5 的黑色部分上，疊加 4 的另一顏色，手指輕壓固定。

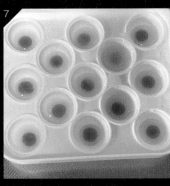

7

為了保持穩定，用湯匙舀取 1，倒入模具直到虹膜沉下去。

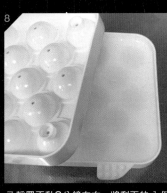

8

7 靜置不動3分鐘左右，將剩下的 1 倒入其中。

9

輕輕地將矽膠模具的蓋子蓋在 8 上面，壓好之後放入冰箱冷卻。

10

從模具中取出果醬。可依個人喜好淋上覆盆子果醬。

暗黑果實餅乾

Story

在魔法使的食譜中，
有一道名為「暗黑果實餅乾」的料理。
魔法使之所以會吃這種黑色的餅乾，
並不只是因為好吃而已。
聽說吃下幾片後，
即使是新月之夜
也能在空中飛往目的地。
（對魔法使而言，
在天上飛行是很稀鬆平常的事）
也就是說，餅乾可以加強夜視能力。

協助：ADRIA洋果子店

MATERIALS

◇奶油　180g
◇糖粉　120g
◇全蛋　2顆
◇杏仁粉　40 g
◇低筋麵粉　240 g
◇可可粉　20 g
◇竹炭粉　15 g
◇腰果　適量

TOOLS

◇直徑4cm的圓形模具
◇烘焙紙

奶油事先放至常溫，然後放入調理盆中，用打蛋器打至黏稠狀。

將糖粉倒入 1，攪拌融合。

3

在 2 中加入全蛋，用打蛋器攪拌。

4

將過篩後的低筋麵粉、杏仁粉、可可粉、竹炭粉加入 3 混合。

5

將 4 整成一大塊之後，用保鮮膜包起來，放在冰鮮靜置一晚。

6

用桿麵棍延伸麵團 5，直到厚度變成4mm左右。

7

用4㎝的圓形模具將 6 脫模。

8

將 7 擺在烘焙紙上。

9

將對半切好的腰果放在 8 上面，以預熱160～170℃的烤箱烘烤12～14分鐘。（※）

※由於烤好的腰果很容易脫落，烘烤前要用力壓緊。

10

烤好之後,放入盤子。像照片中這樣放
在很有氣氛的紙上,就會更像魔法使的
餅乾。

11

黑光燈使腰果發光。避免黑光燈之外的其
他燈光照到餅乾,腰果會呈現更漂亮的光
芒。

神祕璀璨的藍白光

本書多次使用的黑光燈
是一種會發出紫外線的燈光。
紫外線是人類肉眼看不到的光。
當紫外線打在腰果這種含有「螢光物質」的東西上，
螢光物質會吸收紫外線，
散發出人類肉眼看得見的光（可見光）。
這就是腰果散發藍白光的原理。
這個現象叫做「螢光」。

有些市售的黑光燈
除了會發出紫外線之外，還會放出大量的可見光線。
使用這種黑光燈時，
腰果不僅會發出藍白光，還會顯現原來的顏色，
這樣看起來不夠漂亮。
如果想要欣賞美麗閃耀的光芒，
請選擇可見光成分較少的黑光燈。

生活中各式各樣的物品都含有螢光物質。
所以，買好黑光燈之後，
請對著各種不同的物品照看看。
說不定能在熟悉的物品中發現「魔法」。

光之果實

Story

晚上外出遇到下雨或風很大時,
是沒有辦法使用燭台的。
光之果實在這時非常管用。
在夜空中騎掃帚飛行時,魔法使會吃一顆。
雖然光之果實可發揮出
類似黑暗果實的效果,
但持續的時間比較短。
只在庭院中走動時,
可將果實放在湯匙上拿著走,
作為燭台的替代品。

MATERIALS

◇ 能量飲料(※)
120ml
◇ 水 80ml
◇ 吉利丁粉

TOOLS

◇ 鍋子
◇ 馬克杯
◇ 球形矽膠模具

※ 並不是所有能量飲量都會發光。請利
用黑光燈加以確認。

1 在馬克杯中加入吉利丁粉,將80℃以上的熱水倒入杯中,溶解吉利丁粉。

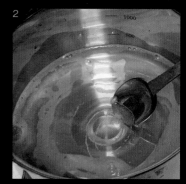

2 在鍋子裡加入能量飲料,接著倒入 1 。
以小火加熱(不可煮沸)直到吉利丁粉完
全溶解,並且去除餘熱。

3

將 2 裝滿球形矽膠模具。

4

將矽膠模具的蓋子蓋上 3 ，慢慢從上方
往下壓緊，放入冰箱冷卻凝固。

5

在矽膠模具周圍加一些熱水，可加速果凍脫模，取出來之後裝入盤子。果凍會在黑
光燈的照射之下發光。

能量飲料與光亮

能量飲料含有
一種叫做維他命B2（核黃素）的物質。
維他命B2是螢光物質。
同樣地，用黑光燈照射日本的鳳梨糖，也會發出明亮的螢光黃色。
糖果發光的強度會因廠牌的不同而有差異，多方嘗試也很有趣。

魔法使的香草飲料

Story

魔法使在下午茶時間
使用多種香草泡茶,桌上擺滿豐富多樣的飲品。
為了做出這些飲品及各式各樣的料理,
魔法使們會特地親自栽培香草和香菇。
這裡將介紹幾種香草和藥草沖泡而成的飲品食譜。

主要使用的香草

| 金盞花 | 辣薄荷 | 德國洋甘菊 | 玫瑰 |

| 椴樹 | 薔薇果 | 錦葵 | 矢車菊 | 木槿 |

市政廳藥局風格 簡易草本茶／花茶

MATERIALS

◇簡易草本茶（※）
　乾燥辣薄荷
　乾燥檸檬香蜂草
　乾燥德國洋甘菊
　乾燥玫瑰花
◇花茶（※）
　乾燥椴樹花
　乾燥薔薇果
　乾燥金盞花
　乾燥錦葵
　乾燥矢車菊
　乾燥報春花
　乾燥辣薄荷
　乾燥德國洋甘菊
　乾燥木槿

※每種香草用量相同，取出香草並加
　以混合，放入罐中保存。

1

舀一茶匙混合後的香草，分量超出茶匙，
並且倒入濾茶器。

2

在茶杯中倒入200ml的滾水（1杯），
將濾茶器泡進去。

3

在熱水中用濾茶器繞圈攪拌，3～4分鐘
後取出。

4

倒入茶杯中（左：簡易草本茶／右：花茶）。

夏翠絲綠寶香甜酒 雞尾酒

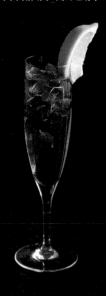

MATERIALS

◇夏翠絲綠寶香甜酒 30ml
◇糖漿　1茶匙
◇萊姆　1/2顆
◇薄荷葉 10～20片
◇汽水　200ml（配合玻璃杯的容量）
◇食用冰塊

1
在玻璃杯中倒入少量薄荷葉、糖漿、汽水，用碎冰棒（※）輕輕敲碎。

2
擠出萊姆汁，將整個果肉和果皮放入玻璃杯中。

3
在 2 中加入食用冰塊。

4
在 3 中倒入夏翠絲酒，攪拌混合。

5
倒入汽水並輕輕攪拌，插上薄荷枝葉。

※調製莫希托時，碎冰棒是用來搗碎薄荷葉以增加香氣的工具，可用湯匙或叉子替代。

夏翠絲黃寶香甜酒 雞尾酒

MATERIALS
◇琴酒 30ml
◇夏翠絲黃寶香甜酒 15ml
◇蘋果汁 15ml

1

在雪克杯中加入冰塊。（※）

2

在 1 中加入所有食材，開始搖盪。

3

倒入雞尾酒杯。

4

將檸檬切片，插在喜歡的位置。

※雪克杯可用百圓商店的水杯代替。選擇
　附有飲用口內蓋的水瓶會更好用。

MATERIALS

◇粉紅葡萄柚糖漿　50ml
◇通寧水　1瓶（200ml）
◇冰塊　適量
◇薄荷（裝飾）　適量
◇檸檬汁　少量（依個人喜好）
◇檸檬切片　1片

1

將冰塊放入玻璃杯中。

2

在 1 中加入糖漿。

3

在 2 中加入檸檬汁。

4

慢慢地將通寧水倒入 3 。

5

用吸管輕輕攪拌（做出漸層感），加上薄荷和檸檬裝飾。

※用黑光燈照射後，通寧水的區塊會發光

光之果實果凍氣泡飲

MATERIALS

◇光之果實果凍（p.116）　適量
◇可樂　800ml
◇冰塊　適量
◇檸檬切片　1片

1

製作光之果實果凍（p.116~117）。

2

在玻璃杯中倒入1、冰塊和可樂，用檸
檬片裝飾（※1、2）。

※1　用黑光燈照射後，光之果實果凍會呈現維他命螢光黃色。
※2　可使用任何一種碳酸飲料作為基底。

basic tools

這裡將為你介紹製作書中物品時，需要準備的基本工具。介紹的工具當中，有些可以用其他工具代替；使用手邊現有的物品製作，說不定也別有一番樂趣。

◇熱熔膠槍　　　　　　　　　　　　◇熱熔膠條

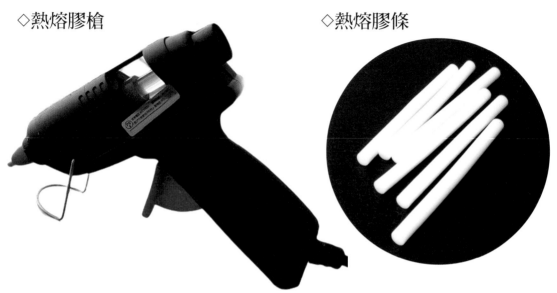

熱溶膠槍將熱溶膠條融化，用來黏東西。熱溶膠條也有螢光款，請根據需求加以準備。

◇滴管　　　　　　　　　　　　　　◇料理秤

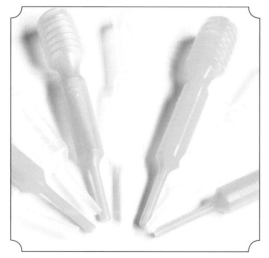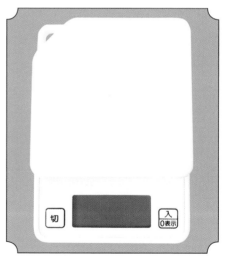

測量微量液體時，或是使用不可接觸的液體時，滴管是很方便的工具。也可以使用移液管測量。

比起指針型磅秤，電子秤的測量準確度更高，尤其在測量藥品時更是方便。

◇燒杯

測量溶液的分量。燒杯有各種不同尺寸，可以多準備幾種，更方便使用。

◇壓克力顏料

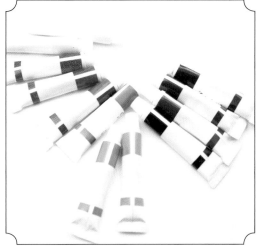

可以在各式各樣的物品上著色。但如果是玻璃杯這類無法用壓克力顏料上色的物品，請選擇專用的顏料。

◇木器著色劑

用來在木頭上塗色的塗料，使用後會呈現「使用過的老舊感」。塗上顏色後，用不需要的抹布擦掉就能增添氣氛。

◇畫筆、毛刷

塗顏料的工具。依據不同用途，多準備一些有大有小的畫筆，用起來會更方便。

◇切割刀

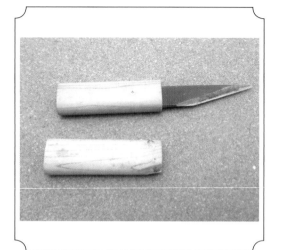

比美工刀更厚的刀子，適合用來切割木頭等物品。如果
沒有切割刀，可用大美工刀代替。

◇砂紙

將木頭等物品表面磨平的工具。一開始先用比較粗的砂
紙，最後修飾再使用細砂紙，藉此磨出更漂亮的成品。

◇砂輪機

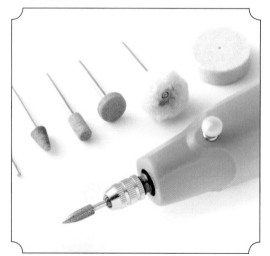

研磨工具，準備這種小型工具，削木頭時會更方便。如
果沒有砂輪機，可用打磨棒或切割刀代替。

◇黏著劑

和使用對象（黏貼的物品）搭配使用。照片中的環氧樹
脂接著劑需要混合兩種膠，最後成品會呈現透明色。

◇手套

處理藥劑時，戴上手套比較安全。也可以用廚房的橡膠手套代替。

◇包藥紙

將粉狀藥劑放在器皿上時，墊著包藥紙會比較方便。使用非專業的紙張也沒關係。使用時需將紙張對折。

◇鑷子

夾取細小物品時，鑷子是很好的幫手。需要黏貼細小的礦物或珠子時，請使用尖端較細的鑷子。

◇書錐子

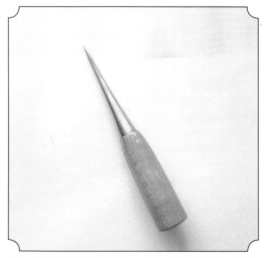

可在木頭或石頭上刻出紋路，或是在紙張上挖洞。也可以用錐子代替。

佐藤佳代子

「きらら舍」的經營者，販售礦物標本和「令人懷念的東西」。在一間只在週六營業的咖啡廳舉辦各種主題的工作坊（※）。不只喜愛礦物，也有飼養貓狗，以及水母、麥稈蟲、海膽等生物，也進行海膽和青鱂的發育實驗。但學歷卻是純粹的文科生。

著有『鉱物レシピ』（グラフィック社）、『世界一楽しい遊べる鉱物図鑑』（東京書店）、『鉱物のお菓子』（玄光社）、『鉱物きらら手帖』（廣済堂出版）等書。

※製作鉍礦人造水晶，將螢石切割成八面體，製作鼠婦生態缸等活動。

きらら舍　https://kirara-sha.com/

魔法使の錬金術食譜
神祕奇妙的魔法雜貨製作教學

作　　者　佐藤佳代子
翻　　譯　林芷柔
發 行 人　陳偉祥
出　　版　北星圖書事業
地　　址　234 新北
電　　話　886-2
傳　　真　886-
網　　址　ww
E−MAIL　r
劃撥帳戶
劃撥帳號
出 版 日　202
Ｉ Ｓ Ｂ Ｎ　978-626-7062
定　　價　420 元

如有缺頁或裝訂錯誤，請寄回更換。

國家圖書館出版品預行編目（CIP）資料

魔法使の錬金術食譜：神祕奇妙的魔法雜貨製作
教學/佐藤佳代子作；林芷柔翻譯. -- 新北市：北星
圖書事業股份有限公司, 2022.10
128 面；18.8×25.7 公分
譯自：魔法使いの錬金術レシピ：妖しくて不思議
な魔法雑貨の作り方
ISBN 978-626-7062-21-0（平裝）

1.CST: 手工藝 2.CST: 烹飪

426.6　　　　　　　　　　　111004553

官方網站　　　臉書粉絲專頁　　　LINE 官方帳號